建立不遺忘任何一人的社會

e Development Goals，簡稱 SDGs）」是

年達成。

其用意在解決全球正面臨的貧窮、不平等、氣候變遷、戰亂與疾病等種種問題，打造一個「不遺忘任何一人」、人人都能夠安居樂業的世界。

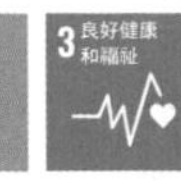

這一項項的目標就像是拼圖的拼片，當所有拼片拼在一起，就是最完美的狀態。

全球平均氣溫比工業革命前升高了1.1℃

各地的暴雨、土石流威脅

新冠肺炎（COVID-19）的全球大流行

塔利班高壓統治阿富汗

全球每12人當中，就有1人無法上學

每年有310萬名未滿5歲的兒童死於營養不良

世界各國針對這些非解決不可的問題互相討論，並訂出具體的解決方案，共有 169 項細則。

有哪些目標？

就像高掛天際的彩虹，SDGs 的目標也需要彼此串連、逐步推行，才有機會達成。我們一起來看看有哪 17 項具體目標吧。

柬埔寨的微型金融服務。

影像提供：Brett Matthews

消除貧窮

終結全球各地包括金錢、資源、教育等所有類型的貧窮。

消除飢餓

不再有人因糧食不足、營養不良所苦。

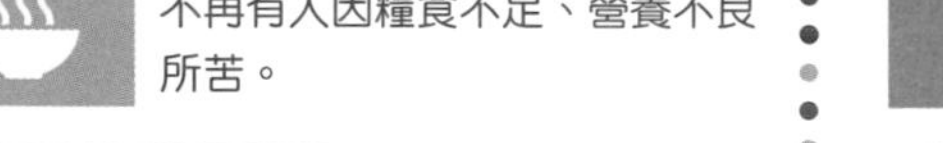

▶詳見 18 ～ 25 頁

設置在非洲馬達加斯加島的廁所，分有男、女和殘障專用廁所。

© WaterAid/ Ernest Randriarimalala

擁有健康幸福的生活和社會福利

延長全世界人類的壽命。

乾淨的水和廁所

人人都有乾淨的水可以喝、乾淨的廁所可以用。

▶詳見 36 ～ 43 頁

日本的非營利組織在柬埔寨蓋的學校。

影像提供：日本認證非營利法人JHP建校會

人人接受高品質教育

全世界的所有兒童都能夠接受學校教育。

每個人都有報酬穩固的工作

人人經濟充裕，再也沒有孩子被迫需工作賺錢。

▶詳見 54 ～ 59 頁

聚在一起調查討論社會性別分析的肯亞農村婦女。

影像提供：JICA※

實現男女平等

所有女性都有機會發揮能力，拓展可能性。

讓不平等從地球上消失

消除貧富差距，使全體人類在社會、經濟、政治上免於被歧視。

▶詳見 66 ～ 71 頁

奠定產業發展與技術改革的基礎

▶詳見 82 ～ 88 頁

規劃耐得住天災的基礎建設，支撐日常生活，進行技術改革，發展對民眾有好處且安定的產業。

※JICA：獨立行政法人國際協力機構（Japan International Cooperation Agency）是日本對外實施政府開發援助的主要執行機構之一，隸屬日本外務省（外交部）。

※ 本書提及的國名原則上使用簡稱，但因非洲剛果民主共和國和剛果共和國，所以剛果民主共和國使用全名。

日本及世界各地的年輕人自願發起撿垃圾運動。

影像提供：非營利環境清潔活動團體Green bird

打造友善安全居住的城市

建設人人永遠能夠安全生活，並且耐得住天災的城市。

▶詳見 98 ～ 104 頁

用廚餘製作的堆肥。

影像提供：近江園田FARM公司

採取負責任的行動

生產者和消費者必須對守護地球環境與人類健康負起責任。

▶詳見 115 ～ 121 頁

不使用化石燃料的發電技術（太陽能發電）。

每個人都能取得且友善環境的能源

確保人人有便宜、安全又友善環境的能源可用。

保護地球，避免氣候變遷惡化

面對氣候變遷在世界各地造成的災害，必須採取因應對策。

▶詳見 134 ～ 140 頁

日籍專家在西非塞內加爾的達卡魚市場提供漁業管理的建議。

影像提供：久野真一／JICA

維護海洋的豐富性

防止一切的海洋汙染，保護海洋資源，好好愛護使用。

保護陸地的豐富性

保護陸地上的大自然環境，維持生物的多樣性，善用資源。

▶詳見 173 ～ 179 頁

為了振興非洲稻作產業而成立的組織「非洲稻米發展聯盟（Coalition for African Rice Development，縮寫為CARD）」在撒哈拉沙漠以南種稻，目標是讓稻米產量在十年後增加一倍，2018 年已經達成目標。

期許所有人都能夠活在和平正義的世界

建立人人遵守法律制度的和平社會。

世界各國同心協力

全世界所有人共同合作，達成SDGs目標。

▶詳見 190 ～ 195 頁

影像提供：JICA

關鍵字是「從自己做起」

●為了在此刻過得很痛苦的人

世界各國為了在 2030 年之前達成 SDGs，都在積極制定相關政策。

●有我能做的事嗎？

你喜歡什麼？對於哪些事情感到好奇？你喜歡或好奇的事物，是否與 SDGs 的目標有關？

理解 SDGs 的目標，想想與自己有什麼樣的關係、自己能夠做些什麼，接著踏出一步，展現「從自己做起」的態度。

●三個臭皮匠勝過一個諸葛亮

有沒有什麼事情是你與身邊其他人齊心合力就可以達成的？就算自己一個人想不出辦法，大家一起動動腦，或許就能解決問題。

1 認識自己

例如：

我喜歡時尚，將來想當設計師。

↓

2 認識SDGs

衣服是由誰、在哪裡縫製的？

↓

3 「從自己做起」

好好珍惜別人用心製作的衣服。

⬅不穿的衣服布料可以做成包包！

能否做出耐穿又環保的衣服？➡

日本達成了多少？

日本的各項SDGs目標評分

日本排名第 18 名／165國之中

國際組織公開了關於 SDGs 的進度與進展調查報告，根據 2021 年六月發表的《2021 年永續發展報告（Sustainable Development Report 2021）》顯示，日本的進度如下圖所示。

↑ SDGs的進展順利或持平

•• 無法確認

↗ 有適度的改善

➔ 停滯

↓ 退步

資料來源：Sustainable Development Report 2021 Country Profiles（日本）

17項目標 讓我們一起思考如何永續發展！

SDGs地球護衛隊

一起想一想！

17個目標

哆啦A夢知識大探索special SDGs地球護衛隊

目錄

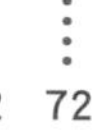

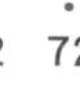

刊頭彩頁
建立不遺忘任何一人的社會……1
有哪些目標？……2
關鍵字是「從自己做起」……4
前言 北俊夫……8

第1章 貧窮・飢餓
1 消除貧窮
2 消除飢餓
漫畫 肚子餓才知道食物的可貴……10
●我們真的認識貧窮嗎？……18
●怎麼做才能夠消除貧窮？……20
●怎麼使全世界零飢餓？……22
一起想一想！我們能做的事 目標1・目標2……24

第2章 健康・水
3 良好健康和福祉
6 潔淨水與衛生
漫畫 醫生手提包……26
●怎麼做才能人人都健康、享受社會福利？……36
●該如何取得安全的用水和衛生設備？……38
一起想一想！我們能做的事 目標3・目標6……42

第3章 教育・工作
4 優質教育
8 尊嚴就業與經濟發展
漫畫 預借現金……44
●任何國家的人民都有受教育的機會……54
●何謂有尊嚴的工作方式？……56
一起想一想！我們能做的事 目標4・目標8……58

第4章 性別・不平等
5 性別平等
10 減少不平等
漫畫 如果吃了男女顛倒藥？……60
●性別是什麼？……66
●為了實現人人平等……68
一起想一想！我們能做的事 目標5・目標10……70

第5章 技術改革
9 產業創新與基礎設施
漫畫 追蹤徽章……72
●透過產業與技術改革邁向更美好的世界……82

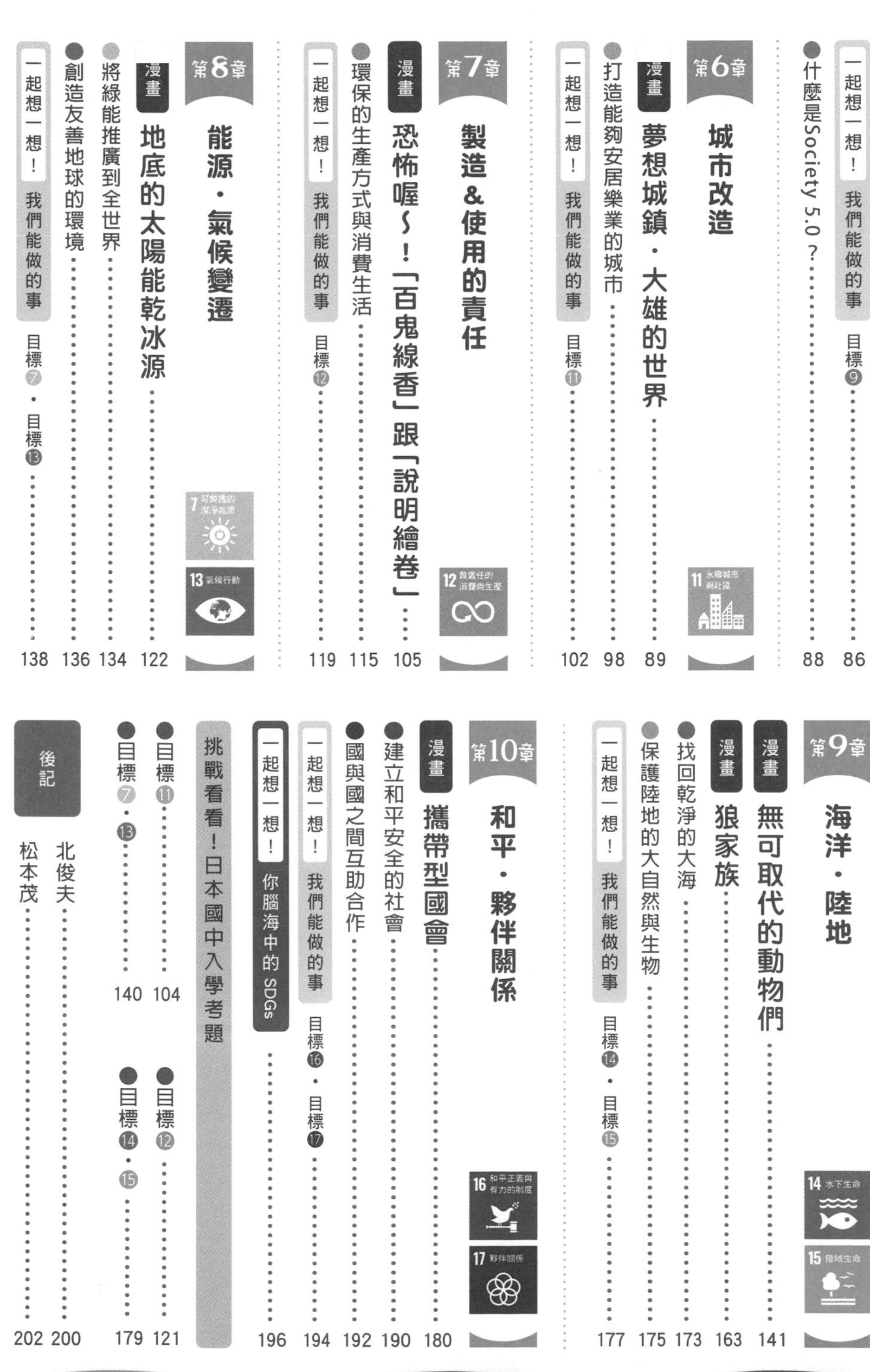

一起想一想！我們能做的事 目標⑨ …… 86
●什麼是Society 5.0？…… 88

第6章 城市改造

漫畫 夢想城鎮．大雄的世界 …… 89
●打造能夠安居樂業的城市 …… 98
一起想一想！我們能做的事 目標⑪ …… 102

第7章 製造&使用的責任

漫畫 恐怖喔～！「百鬼線香」跟「說明繪卷」…… 105
●環保的生產方式與消費生活 …… 115
一起想一想！我們能做的事 目標⑫ …… 119

第8章 能源．氣候變遷

漫畫 地底的太陽能乾冰源 …… 122
●將綠能推廣到全世界 …… 134
●創造友善地球的環境 …… 136
一起想一想！我們能做的事 目標⑦．目標⑬ …… 138

第9章 海洋．陸地

漫畫 無可取代的動物們 …… 141
漫畫 狼家族 …… 163
●找回乾淨的大海 …… 173
●保護陸地的大自然與生物 …… 175
一起想一想！我們能做的事 目標⑭．目標⑮ …… 177

第10章 和平．夥伴關係

漫畫 攜帶型國會 …… 180
●建立和平安全的社會 …… 190
●國與國之間互助合作 …… 192
一起想一想！我們能做的事 目標⑯．目標⑰ …… 194
一起想一想！你腦海中的SDGs …… 196

挑戰看看！日本國中入學考題
●目標⑪ …… 104　●目標⑫ …… 121
●目標⑦．⑬ …… 140　●目標⑭．⑮ …… 179

後記
北俊夫 …… 200
松本茂 …… 202

前言 關於本書

北俊夫

各位最近經常聽到SDGs這個詞吧。SDGs是英文「Sustainable Development Goals」的縮寫，意思就是「永續發展目標」。

「永續」是指往後也能長長久久持續下去，「發展」在這裡是指解決各種問題，用整體平衡的思維往前發展。

SDGs是針對世界各國與各地區必須盡快解決的問題所提出的十七個目標，包括「消除貧窮」、「追求全人類的健康與福祉」、「讓全人類共享和平與正義」等。只要達成目標，地球上所有人類就能夠隨時隨地過著和

不是那樣的。
地球上的石油剩下不多，
不珍惜使用的話，馬上就用光了。

平、健康的生活。

這十七項目標預定要在二〇三〇年之前達成。等到二〇三〇年時，各位幾歲了呢？很顯然那並不是遙不可及的未來，對吧？

本書以簡單明瞭的方式，藉由各種資料和漫畫介紹這十七項目標。讀完這本書，你就能了解每項目標在世界各地的現況，或許能夠從中得到靈感，知道自己可以做些什麼，以及必須做些什麼。

※本書的內容如果沒有特別標示，均為二〇二二年十一月的資料。

肚子餓才知道
食物的可貴

咦？你不吃了啊？

我吃飽了！

真是的，怎麼又剩那麼多飯呢？

連菜也剩那麼多。

不可以這麼浪費食物，我得說說他才行。

大雄！

嗯？

在爸爸小時候，

日本因為打了敗仗，成了很貧窮的國家……

嗯嗯。

Q 每日收入不到一點九美元的極度貧窮生活狀態稱為什麼？①確定貧窮 ②絕對貧窮 ③相對貧窮

※ 一點九美元相當於新台幣約 58 元。

A ②絕對貧窮。③的相對貧窮，是指收入低於該國或該地區平均值的狀態。日本的兒童每七至八人中就有一人是相對貧窮。

※大口吃

※ 根據日本三菱 UFJ 銀行於 2021 年九月底公布的資料。

Q 食品容器或外包裝標示的「安全食用期限」稱為？①最佳食用期限 ②保存期限 ③有效期限

啊！睡過頭了！
我要遲到了！

麵包和牛奶啊！
沒時間吃了啊！

因為他吃下一顆，所以就吃不到早餐。

這樣他一定會覺得營養午餐很好吃。
也就能記住有得吃的喜悅了。

我回來了！

如何？營養午餐好吃嗎？
完全沒吃到。

這怎麼可能？

吃午餐前，我去上廁所。
結果門鎖正好壞了，我被關在裡面一個小時……

媽媽，有沒有東西可以吃啊？
媽媽出去了，要傍晚才會回來。

那點心呢？
也沒準備。
媽媽急急忙忙就出去了。

連一包泡麵都沒有！
最後一包剛剛我吃掉了。

你就認命點，等吃晚餐吧！
別鬧了！

我去買麵包來吃。

公休
為什麼商店街都休息啊？
定休日

這樣實在太糟了。
真的只能撐到晚上嗎？

喂，大雄！

和我玩一盤將棋吧！
分散一下注意力也好。

※搖搖晃晃

Ⓐ②保存期限。通常標示在便當、蛋糕等食品包裝上。最佳食用期限（賞味期限）是指食品的「品質最佳、最美味的期限」。

Q 日本每年有幾萬公噸還能吃卻被丟棄的「糧食耗損（Food Loss）」？①八十 ②兩百 ③六百

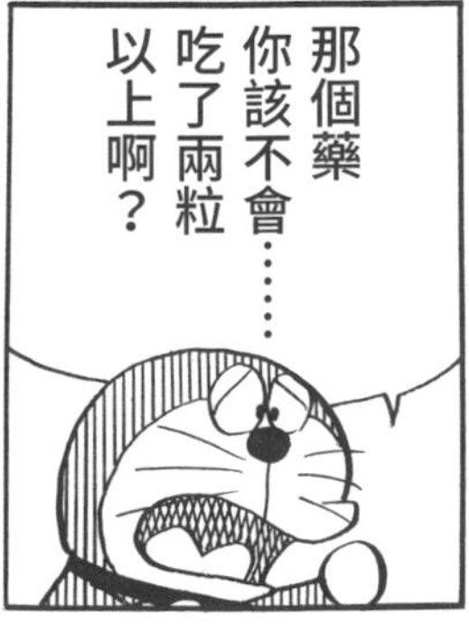

該怎麼解決呢……
我會餓死啊～
簡直是殺人啊!!

看來只好用「時光機」，
到四天後的世界去偷吃東西了。

哇！剛好要吃午餐了！
我愛拉麵!!

有人來了，快點躲起來！

不是我偷吃的啦！嗚～～
四天後的我被罵了。
別管了，你還是先吃了再說吧！

A ③六百萬公噸。相當於日本國民每人每日倒掉一飯碗（約一百三十公克）的食物，真的很浪費呢。

1 消除貧窮

我們真的認識貧窮嗎？

貧窮是怎麼一回事？

全世界生活在極度貧窮狀態，也就是每日可花用金額不到一點九美元的人，據說約有七億，相當於全球人口中，每十人就有一人是如此（二〇一七年）。

一點九美元根據二〇二三年四月底的匯率換算成新台幣，大約是五十八元。一天能夠花用的錢只有五十八元，根本不夠吃飯，必須經常餓肚子；生病了也無法去醫院看病、無法接受教育等。這些人因為貧窮，所以生活過得十分困苦。

●每日收入不到新台幣58元的人口約有7億（2017年時）。

資料來源：公益財團法人日本聯合國兒童基金會（日本UNICEF）

這些人生活在哪些地區？

極度貧窮的七億人當中，大約有四億人集中在非洲撒哈拉沙漠以南的地區。另外在印度、印尼等亞洲國家，也有許多人過著極貧生活。

●世界各地的貧窮比例（2017年）

歐洲、中亞地區 1.30%
東亞、太平洋地區 1.41%
拉丁美洲、加勒比海地區 3.77%
中東、北非地區 6.34%
撒哈拉沙漠以南的非洲地區 41.18%

※數字顯示貧窮人口佔該地區總人口的比例。南亞因有效的調查樣本數不足，故沒有標示。

資料來源：根據世界發展指標繪製

這些國家，有些在過去曾經是歐美各國的殖民地※，因此經濟成長遲緩；有些是境內有民族紛爭等問題，再加上嚴峻的大自然環境等多重因素影響，因此很難靠自身的力量擺脫貧窮。

※殖民地：政治、經濟受到外國勢力主導掌控的國家或地區。

貧窮的孩子們過著什麼樣的生活？

多數貧窮的人都是喝河川等水源的生水，無法取得有安全管理的飲用水，因此許多孩子因為喝生水死亡。此外，住處附近沒有學校，或者是有學校，也必須幫忙父母工作或照顧弟妹，因此有許多孩子無法上學。無法接受教育，也就無法學習讀寫，多半也很難從事收入穩定的職業。

等到這類孩子成年後，也往往無法擺脫貧窮狀態，通常反而使得他們的孩子或孫子輩跟著繼續貧窮，稱為「貧窮世襲」。

●貧窮世襲

貧窮世襲

雙親的收入少 → 無法接受足夠的教育 → 難以升學、就業 → 收入不穩定 → 兒孫輩也跟著貧窮 → 雙親的收入少

日本也有貧窮問題嗎？

貧窮並非只發生在遙遠的國度，日本也有貧窮問題。這類的貧窮指的是「低於該國平均生活水準的狀態」（相對貧窮）。日本和美國的相對貧窮率在已開發國家中越來越高，尤其是兒童貧窮問題很嚴重；有些孩子必須靠學校的營養午餐才有飯吃，有些孩子因經濟問題不得不放棄升學。

●日本兒童貧窮率的變遷

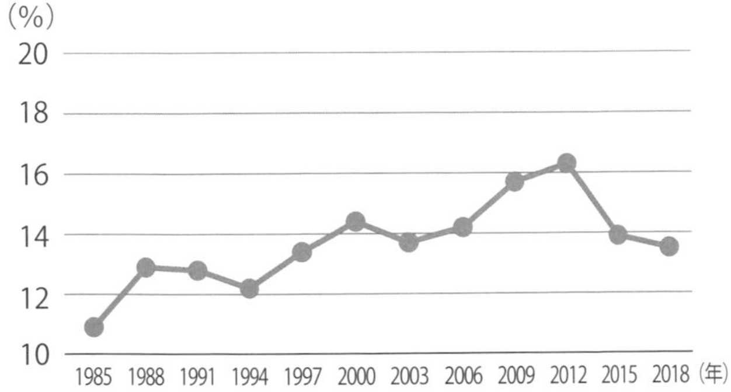

資料來源：2019 年日本國民生活基礎調查（厚生勞働省※）

※ 厚生勞働省是日本的中央行政機關，業務內容相當於臺灣的內政部、衛生福利部加上勞動部。

1 消除貧窮

怎麼做才能夠消除貧窮？

對世界各國提供的援助

●**松下電器（Panasonic）**

松下電器自二〇一三年開始施行「送十萬台太陽能燈給無電可用的國家」計畫，這項計畫已經在二〇一八年達成目標。

這些太陽能燈送到了柬埔寨、緬甸的貧窮家庭和兒童機構，讓他們的孩子在夜晚讀書時有燈可用。

現在松下電器正在進行「一起發光行動」，擴大光亮的範圍。這項活動是鼓勵大家捐出舊書和舊CD等。

擴大光亮範圍的「一起發光行動」。

影像提供：特定非營利活動法人 Japan Heart

●**TABLE FOR TWO**

TABLE FOR TWO直接翻譯就是「兩個人的餐桌」，這項活動的目的是同時消除世界各地的飢餓問題與肥胖問題。只要在員工餐廳或餐館點「健康餐（設計時考慮到營養均衡的餐點等）」，每點一份就會捐出二十日圓（約新台幣五元），替開發中國家孩子們的營養午餐盡一分力。

這項活動後來逐漸拓展，在超市等實體或網路購物時也能捐款。

●**希爾頓（Hilton）**

飯店事業版圖遍及日本與世界各地的希爾頓集團，與非營利組織合作，將房客用剩的肥皂回收再製，變成新肥皂。

這項計畫回收的肥皂，將送到無法購買衛生用品、因貧窮與政局不穩等原因而缺乏自來水及下水道設施的國家民眾手中。

用剩的肥皂重生後，送到世界各地有困難的人手上。

日本在地的援助

●兒童食堂

「兒童食堂」是以免費或低價方式，提供小孩和他們家長餐點的餐廳。有經濟因素或無人一同用餐的孩子和家長來到這裡，能夠和大家一起愉快享用營養均衡的餐點。

「兒童食堂」主要是透過非營利組織與在地居民的力量拓展至日本各地，到二〇二〇年已經超過五千家。主要是在協助孩子安心生活與健康成長，因而受到矚目。

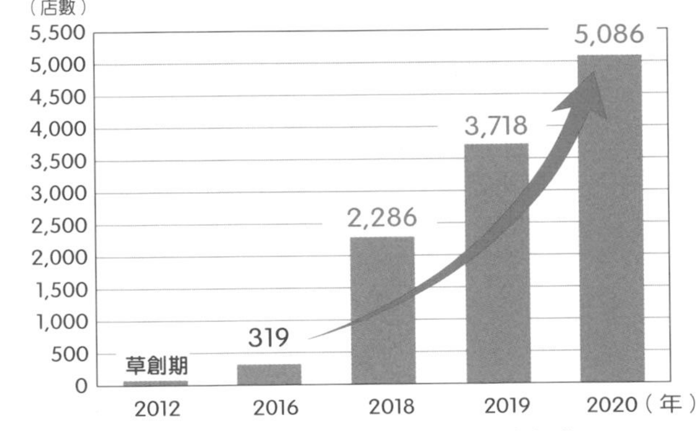

資料來源：非營利組織法人全國兒童食堂支援中心「MUSUBIE」

●佛寺點心俱樂部

民眾帶到佛寺拜拜的「供品」在佛祖享用完「撤下」後，會由政府認證的非營利組織「佛寺點心俱樂部」回收，再分發給生活困頓的家庭。參與這項活動的日本全國佛寺，與各地區的社會福利團體進行媒合，這些社福團體就會收到各地佛寺送來的食品和日常用品等神明「分享」的供品，再透過這些團體送到有需要的家庭手中。二〇二三年時，日本全國已經有超過一千九百間佛寺，以及超過七百個兒童社會福利團體共襄盛舉。

各地佛寺送來的食品與日常用品分裝成箱，變成一箱箱的「神明分享包」。

2 消除飢餓

怎麼使全世界零飢餓？

有多少人蒙受飢餓之苦？

「飢餓」是指長期無法吃到足夠糧食的營養不良狀態。全球七十七億人口當中，每十一人就有一人，也就是大約七億人，長期糧食不足、每天餓肚子（二〇一九年）。

全球人口已經在二〇二二年的十一月突破八十億，今後也將持續增加，再加上新冠肺炎（COVID-19）的全球大流行，飢餓人口預估將會急速飆升。

●全球飢餓人口

飢餓為什麼會發生？

人民蒙受飢餓之苦的國家大多集中在非洲大陸。這些國家據說每五人就有多於一人營養不良。

●飢餓地圖2020

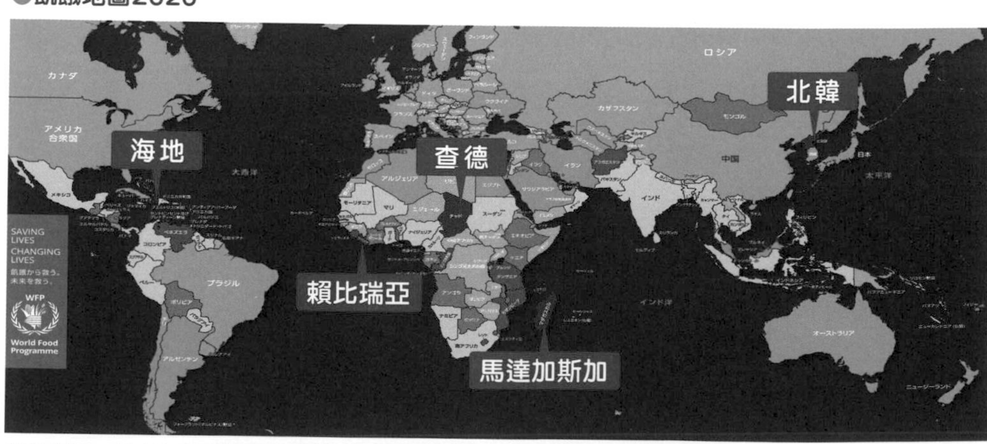

資料來源：聯合國世界糧食計畫署（World Food Programme，縮寫為 WFP）

其中最大的原因是降雨不足和洪水等天災，導致農作物無法收成。此外，國家內亂使得民眾無法安穩務農也是原因之一。

右頁的飢餓地圖是顯示全球飢餓狀況的世界地圖，用顏色區分各國不同階段的營養不良人口比例。圖上紫紅色的國家（中南美洲的海地、非洲的查德、馬達加斯加、賴比瑞亞、東亞的北韓）都是營養不良人數超過總人口的百分之三十五。

真的沒有食物嗎？

全球每年大約生產四十億公噸的糧食，要養活所有人是綽綽有餘。

儘管如此，卻仍有高達七億人營養不良，其中的原因之一，是日本等已開發國家扔掉大量可吃的食品，每年丟掉的量大約佔全球糧食產量的三分之一。

還能吃卻丟掉，稱為「糧食損耗（Food Loss）」。日本一年也大約有六百萬公噸（二〇一八年度的推估值）的糧食損耗。

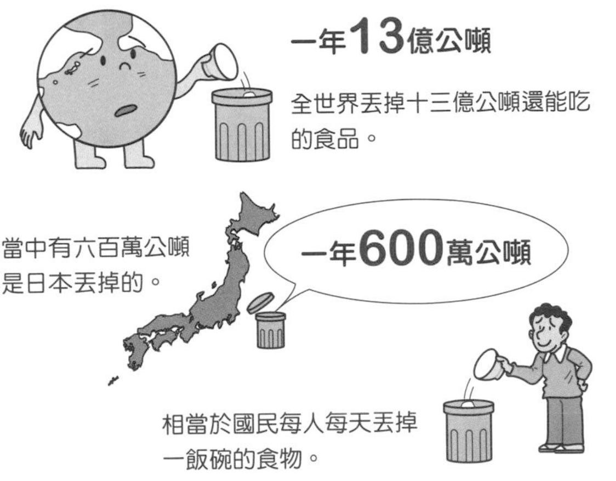

一年13億公噸

全世界丟掉十三億公噸還能吃的食品。

當中有六百萬公噸是日本丟掉的。

一年600萬公噸

相當於國民每人每天丟掉一飯碗的食物。

怎麼做才能夠消除飢餓？

消除飢餓的第一步就是要避免天災造成的損害擴大、停止內亂等。

接下來，長遠來說必須消除已開發國家的糧食損耗，建立機制，盡可能讓更多人吃到食物。

另一個重點就是，必須讓飢餓問題嚴重國家的農民買得起農業機具和肥料等，增加農作物的產量。

使用農業機具就能夠提升產量。

一起想一想！

我們能做的事

1 消除貧窮

2 消除飢餓

電玩主機也跟貧窮有關

一聽到非洲，你或許會覺得那是很遙遠的國度，但我們每天使用的行動電話、電腦、電玩主機裡面，都用上了產自非洲、稱為「稀土元素」的金屬。

剛果民主共和國為了稀土元素之一的「鉭（Ta）」而內亂紛爭不斷，境內的武裝勢力透過違法開採，取得活動資金。

爭奪全球電子設備高度仰賴的稀土元素所引發的紛爭，長期持續下來，產生了難民和流離失所的人民。

延長家中電子設備的使用年限、珍惜資源，皆有助於改善那些國家的內亂紛爭與貧窮。

什麼人用什麼方式生產也很重要

日本的食品製造商「明治」持續進行「明治可可豆援助計畫」支持可可豆農，截至目前已經幫助過馬達加斯加等九個國家。

企業與可可豆農合作，經年累月提供支援，進行發酵實驗和品質檢查等，維持穩定生產，使可可豆農無需擔憂生計，又能夠持續產出高品質的可可豆。

巧克力

巧克力的原料「可可」是從迦納、象牙海岸、奈及利亞等國家進口。

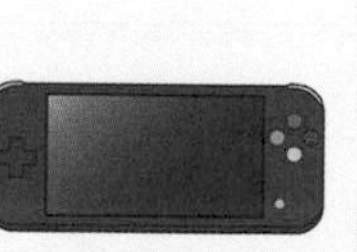

電玩主機

電玩主機等使用的「鉭」產自於非洲的剛果民主共和國和盧安達等國家。

玫瑰花

日本的玫瑰花大多是從衣索比雅、肯亞等地進口。

鑽石

波札那和剛果民主共和國等非洲南部國家是最大生產國。

認識這些產品都是在國外生產製造，也是達成SDGs目標的第一步。

要不要挑戰種菜？

在內亂不斷的阿富汗參與人道救援行動的中村哲醫生，二〇〇二年提出醫療與灌溉※事業並行，使農村恢復自給自足的「綠色大地計畫」，推廣穀類、蔬菜、果樹的栽種，以及畜牧等，鼓勵開墾大地，生產出甘藷、米、茶等作物。

中村醫生雖然在二〇一九年遭槍擊身亡，但後人直到今天仍繼承他的遺志。

你要不要也跟家人一起挑戰種菜呢？鴨兒芹和蔥等蔬菜的根部不要丟掉，利用裝水的杯子或小花盆栽種，就能夠長出新葉。自己種的蔬菜很好吃喔。

※灌溉：將河水或池水引入農地的人工引水方式。

栽種在窗邊的鴨兒芹。水晒到太陽容易發臭，需要經常換水。要吃之前必須先加熱煮熟。

珍惜食物

重新檢視自己的飲食生活，食品①只購買需要的量，②把食材全部用光不要浪費，③全部吃光不要剩下，就能夠消除糧食耗損的問題。

胡蘿蔔、白蘿蔔、蕪菁等多數蔬菜連皮吃的營養價值更高。

日本的食品製造商「好侍食品」在官方網站有提供食譜，介紹使用蔬菜經常丟掉的外皮、芯等「菜渣」製作的料理。左邊照片就是用蔥綠做的餐點。

用菜渣做菜也能節省家庭開銷。網站上還有許多其他食譜，你也可以跟家人一起挑戰看看。

「蔥綠肉捲」

用豬五花肉片把蔥綠捲起來，以平底鍋煎熟，再裹上醬油、味醂、料理酒。

資料來源：好侍食品「House E-mag」／江戶野陽子

醫生手提包

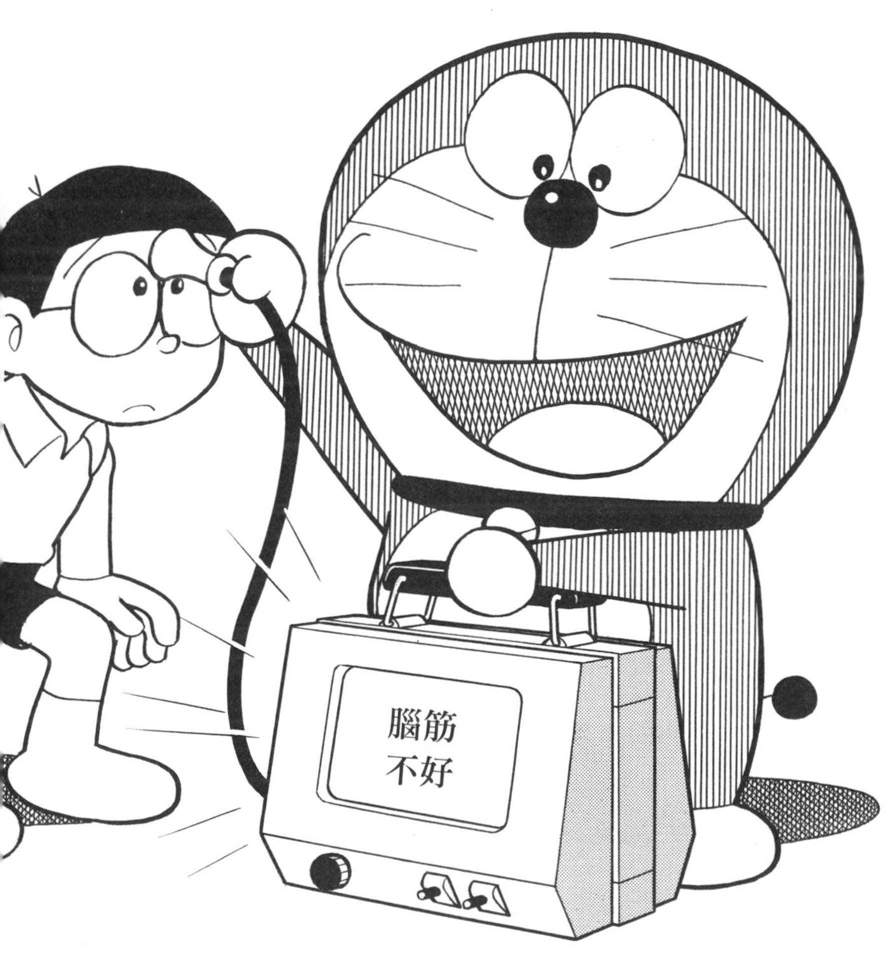

我好像感冒了，
謝謝你的邀請，我不過去玩了。
哦，真是太可惜了。
那你好好休息吧！
好像正在流行感冒。
嗯……說起來……
我從剛才就一直覺得頭昏昏的。
還不只這樣，肚子很難受，好像快脹破了！
我生病了！

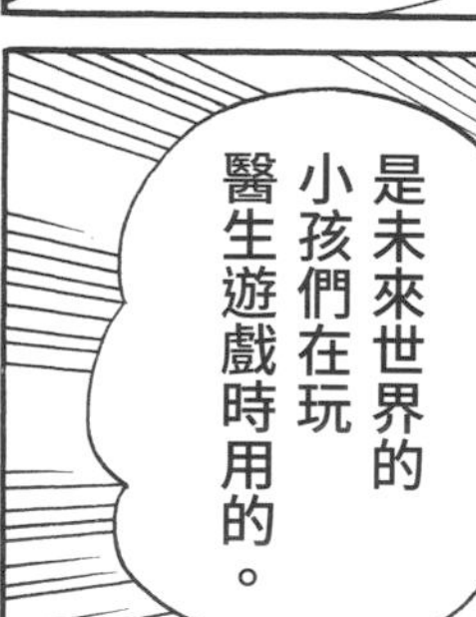

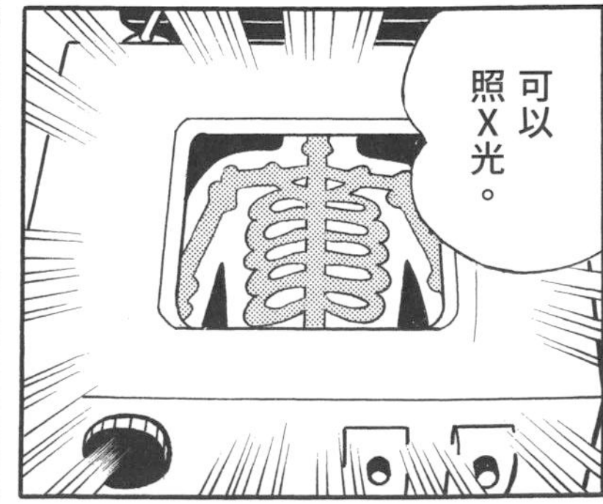

健康・水 Q&A

Q 何者是每年奪走開發中國家250萬條人命的世界三大傳染病之一？①瘧疾 ②伊波拉病毒 ③霍亂

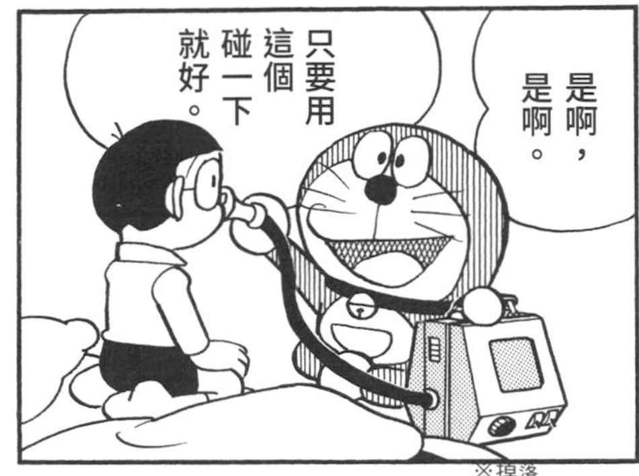

※掉落

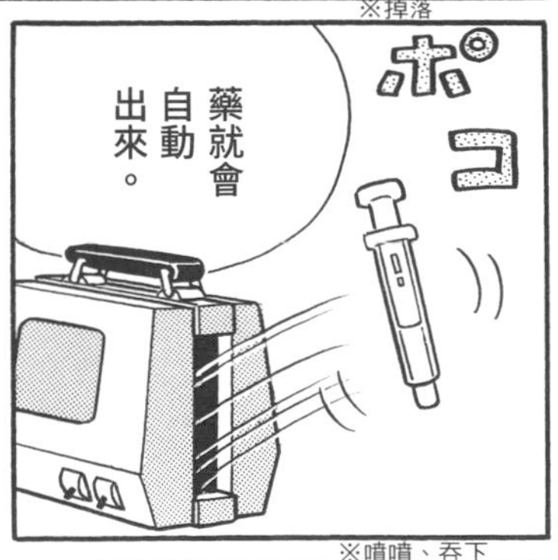

※噴噴、吞下

Ⓐ①瘧疾。由帶有瘧原蟲的瘧蚊（蚊子的一種）吸血造成感染。另外兩大傳染病是愛滋病和結核病。

健康・水 Q&A

Q 被視為日本三大文明病之一的是下列何者？ ①糖尿病 ②癌症 ③肺炎

Ⓐ②癌症。另外兩個是腦中風等腦血管相關疾病，以及心肌梗塞等心臟相關疾病。①的糖尿病也是文明病之一。

我幫你看病，衣服脫掉吧！

我沒什麼大礙，好像已經治好了。
什麼嘛！真無趣。

幫我看看吧。

不用脫衣服也沒關係！

只要碰一下。

感冒

來，吃藥。
啊——

痊癒了！

真的有效呢！
下次感冒時再拜託你。

Q 日本的生活用水（泡澡、上廁所、洗衣等）使用量排名世界第幾位？①第一 ②第二 ③第十

Ⓐ②第二。第一位是澳洲，第三是美國（根據日本自來水技術研究中心二〇一七年的調查）。

治好了！
大雄醫生，謝謝！
多保重。

好痛好痛……

好痛喔，
手指燙傷了。
這下糟了，

我馬上幫你看，把衣服脫掉!!

是手指！

真不敢相信，治好了耶！
我說得沒錯吧！
下次再生重一點的病吧！

藥只有一點點，所以還是盡早生病吧！

你好，請問大雄醫生在這裡嗎？

健康・水 Q&A

Q 沖澡或洗臉時如果開著水放流一分鐘，大約會浪費掉多少公升的水？①五 ②十二 ③二十

Ⓐ②十二公升。泡澡剩下的熱水約有一百八十公升。水是很珍貴的資源，請把水裝在容器裡使用，別放任水龍頭開著不關。

3 良好健康和福祉

怎麼做才能人人都健康、享受社會福利？

現在並非所有人都健康

「健康」的定義是「不只生理上沒有病痛，心理和社會方面也都應要處於滿足的狀態」。

另一方面，「福祉」指的是「人人都能安心生活的環境」。政府主動針對生活有困難的國民提供協助，稱為「社會福利」。

世界各國政府皆有責任讓全體國民享受安全安心的生活。

有些國家的人民生病了卻不治療？

世界上有許多地區的人民即使生病了，也無法獲得適當的治療，主要是因為當地的醫生人數相對於人口數來說過少。

根據聯合國底下的機構，聯合國兒童基金會（UNICEF）的調查顯示，撒哈拉沙漠以南的非洲各國，即使生病也無法接受治療的比例是肺炎百分之五十三，腹瀉百分之六十二，瘧疾則有高達百分之七十。因此，兒童的死亡率非常高。

各國未滿五歲兒童的死亡率

每出生一千人的死亡人數

101人以上
76人～100人
51人～75人
26人～50人
11人～25人
10人以下
無資料

資料來源：日本UNICEF（2019年）

一位醫生醫治的國民人數

日本醫生對國民的人數比是1：414。世界各國有許多地方是一位醫生要對上數萬名的國民。

資料來源：WHO Global Health Observatory data repository（2016）

採取什麼樣的對策？

●組織「無國界醫生」

「無國界醫生」是屬於非政府組織，也是世界最大的緊急醫療團隊，並非以營利為目的。組織裡的醫生和各種職業的人活躍於世界各地，只為了拯救更多生命。

在戰亂地區治療孩子的醫生。

© Anna Surinyach/MSF

他們前往戰亂紛爭不斷的國家和地區、傳染病正在流行的地區，以及缺乏醫生的地區，進行治療或宣傳重要資訊。

另外，遇到地震、水災等天災發生的地區，他們也會立刻趕往現場協助治療傷患。

防治三大傳染病的組織

●全球對抗愛滋結核瘧疾基金會

在沒有自來水、廁所、盥洗室等衛生設備的地區，傳染病更加容易擴散，在貧窮、政局紛亂、環境破壞等問題嚴重的開發中國家，尤其好發愛滋病、結核病、瘧疾等傳染病。

為了防治這三大傳染病並提供照護協助，資源充裕的國家成立基金會給予資金援助。日本就曾捐贈五億組浸泡過殺蟲劑的蚊帳和捐款，協助對抗瘧疾。

愛滋病

後天免疫缺乏症候群，簡稱愛滋病（AIDS），是指感染HIV病毒（人類免疫缺乏病毒）所引起的疾病。

結核病

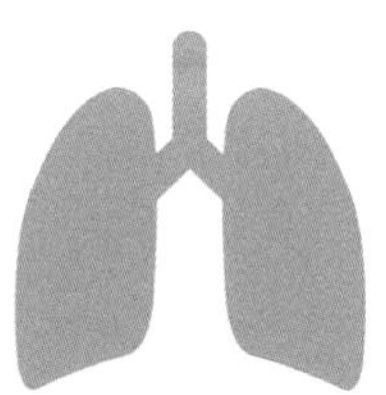

結核病是指感染結核菌引發的疾病。

瘧疾

瘧疾是瘧原蟲透過蚊子進入體內引發的疾病。

該如何取得安全的用水和衛生設備？

根據UNICEF聯合國兒童基金會的調查顯示，二〇二〇年這一整年，約有五十二萬五千名未滿五歲的兒童死於腹瀉，其原因與受汙染的水、不衛生的環境有關。

沒有乾淨的水與衛生設備可用

一扭開水龍頭就有乾淨安全的自來水流出來，你或許以為這是理所當然的事，而且現在全球每十人就有七人能夠享用經過安全管理的飲用水，但是每十人就有一人使用的水，是來自未經淨化的池水或河水。

此外，全球人口中，每十人就有超過四人沒有乾淨的衛生設備可用，當中有四億九千四百萬人的家裡或附近沒有廁所，只能在路邊或草叢等戶外場所隨地排泄。

●**無法取得乾淨水源的人口比例**

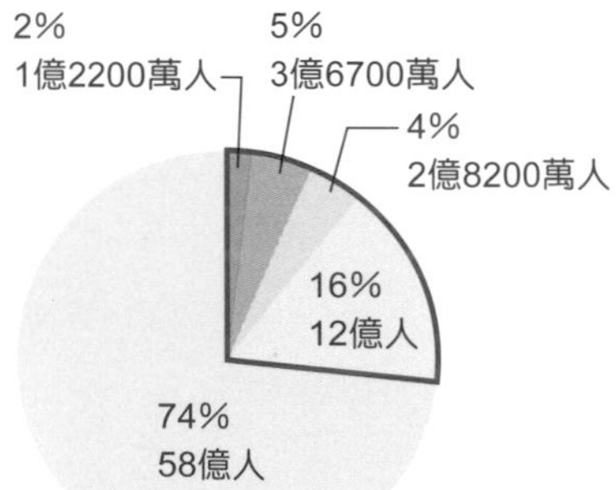

有安全管理的飲用水可用
有基本的飲用水可用
有遠處的飲用水可用※
有未經淨化的水源可用
使用池水或河水

※譯注：根據官方的定義，「遠處」是指可在距離自宅30分鐘以上路程的地方，取得處理過的乾淨飲用水。相反的，基本飲用水是指可在30分鐘路程內的地方取得的乾淨飲用水。廁所也一樣。

●**無法使用乾淨衛生設備的人口比例**

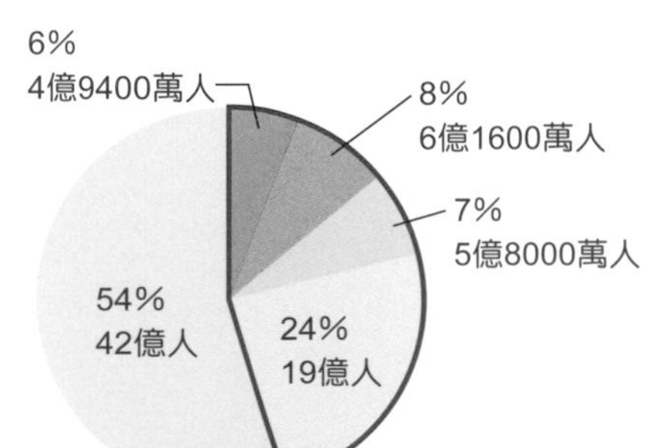

有安全管理的廁所可用
有基本的廁所可用
有遠處的廁所可用※
有簡陋的廁所可用
在室外隨地便溺

資料來源：日本聯合國兒童基金會（2020年）

為什麼喝不到安全的水？

●貧窮

世界上有許多國家的政府財務拮据，沒有經費興建自來水設施，也無法提供國民安全的用水。

●地球暖化

地球持續暖化，使得地表氣溫升高，日照持續，有些國家因此陷入缺水危機。非洲大陸等地方寸草不生的沙漠日益擴大，導致缺水的情況更加惡化。

●戰亂

中東、非洲、亞洲、歐洲等地都存在戰亂紛爭不斷的國家或地區。這些地區的水和衛生相關設施、人力，均遭到攻擊破壞，許多人民的性命因此受到嚴重的威脅。

孩子取水的過程很辛苦

在缺乏自來水的國家，有些人為了得到家人一整天需要的用水，必須每天前往遠處的水池或河川汲水。這段汲水過程往往要花上幾個小時，是相當辛苦的勞動，卻多半是小孩和婦女的工作。

在運水車取水的難民營女子（敘利亞）。

●艾夏（13歲）**的一天**（衣索比亞）

無法上學

無法跟朋友玩

對於每天的生活與未來沒有期待

利用日本傳統技術取得安全用水

IWP日本國際供水計畫組織（International Water Project），指導無淨水可用的非洲開發中國家人民鑿井，將日本稱為「上總掘」的傳統鑿井技術，傳授給肯亞等地的非洲民眾。截至目前為止，只靠少量經費和當地人力，已經鑿出許多水井，帶給許多人笑容。

「上總掘」這種鑿井技術，只需要少數幾個人的力量，就能夠鑿出深度超過五百公尺的水井，因此也被日本政府列為重要的無形民俗文化財。

聯合國兒童基金會針對水與衛生採取的行動

UNICEF聯合國兒童基金會發起各種活動，期許能夠讓更多孩子健康的成長。從一九四六年基金會開始活動以來，已經在世界各地超過一百個國家鑿設水井、自來水與汙水下水道設備、淨水設施、廁所等，並教導使用方式。

●推廣洗手保命

保護身體遠離疾病，最簡單的方法就是用肥皂洗手。問題是，在2017年時全球約有40%的人口，生活在家裡沒有肥皂也沒有水的環境下。

在阿富汗推廣行動圖書館活動的伊德雷斯・賽亞華許（Idress Seyawash），在新冠肺炎（COVID-19）擴大傳染後，走訪各個村落，教導孩子們洗手的方法。

教導如何洗手的伊德雷斯・賽亞華許。 © UNICEF/UNI325981/

製造安全用水的設施？

為了讓眾人都能夠有安全的水可用，在缺水地區建設輸送安全水的設施，就顯得格外重要。

最理想的做法是打造如下圖所介紹的供水暨汙水處理系統。但是考量到經費與人力，有些地方沒辦法立刻就蓋出這樣的設施。這種時候就會改為鑿井，汲取比河水和池水更安全的地下水，或是打造簡易的水道設施，引入山泉水。

打造水道設施需要大量的經費和技術。再者，在設備完工後，也需要有人繼續保養維護，因此才會呼籲世界各國通力合作，提供協助。

●水循環與供水暨汙水處理系統

雨和雪
水蒸氣產生雲，變成雨和雪降落到地面。

淨水廠
把水變乾淨，製造出大家能喝的水。

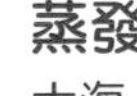

蒸發
大海、河川、陸地產生水蒸氣。

供水
變乾淨的水送到每個人家裡。

汙水下水道
把家裡排出的髒水送到處理廠。

汙水處理廠
把髒水變乾淨。重生的水再度排放到河裡或海裡。

一起想一想！

我們能做的事

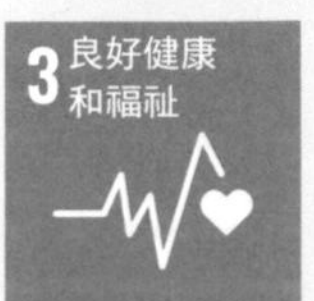

確實預防傳染

新冠肺炎（COVID-19）的全球大流行與氣候變遷之間是否存在直接的關係，目前尚未釐清，但森林破壞、洪水、乾旱等的氣候變遷，導致野生動物失去棲地，因而會在與人類接觸的過程中，將病原菌帶給人類，這點已經可以確定。

染疫者一旦增加，不僅醫療量能會緊繃，許多生命更會因此陷入危險，因此人人盡力防堵傳染病擴散十分重要。

貫徹漱口、洗手、戴口罩

捐贈「兒童疫苗」

「日本認證非營利組織世界兒童疫苗日本委員會」募集民眾捐出的寶特瓶蓋、二手衣、沒用完的空白明信片、用過的郵票、書籍等物品，並將它們換成錢，購買兒童疫苗和相關儀器設備，贈送給以緬甸、寮國等為主的東南亞國家。各位去日本時，可將寶特瓶蓋投入超市和百貨公司的回收箱共襄盛舉。

你也可能罹患已開發國家常見的疾病

日本人的死因排行榜第一名是癌症，第二名是心臟病，第三名是衰老，第四名是腦中風。除衰老之外，其他三種疾病稱為「三大文明病」（發病原因與生活習慣有關的疾病）。這三大文明病的預防與治療，也是先進國家必須解決的共同課題。

罹患糖尿病、高血壓等「文明病」的兒童也逐年增加。讓我們從日常生活中好好養成正確的生活習慣。

●使人生病的生活習慣

- 看電視、打電動的時間太長
- 攝取過多高脂肪的食物
- 熬夜造成睡眠不足

珍惜用水

二〇二一年的全球人口數大約是七十八億七千五百萬人，預估到二〇五〇年將會達到九十七億人。在用水需求不斷增加的同時，氣候變遷卻也影響到水資源的供給。水是有限且重要的資源。

舉例來說，刷牙時如果把水裝在杯子裡使用，不要開著水龍頭放任水流，就只需要約零點六公升的水量。另外，泡澡剩下的熱水，如果一半用來洗衣服、打掃、澆花等，就能夠省下大約九十公升的水量。

●各種用途的用水標準　資料來源：東京都水道局

用途	使用方式	用量	CO_2 排放量
洗臉、洗手	假設放任水流一分鐘	約 12 公升	約 3.0 公克
刷牙	假設放任水流三十秒	約 6 公升	約 1.5 公克
洗碗	假設放任水流五分鐘	約 60 公升	約 15.0 公克
洗車	假設放任水流	約 90 公升	約 23.0 公克
淋浴	假設放任水流三分鐘	約 36 公升	約 9.1 公克

不能讓髒水流進河川和大海裡

廚房、廁所、浴室、洗衣機等日常生活排出的髒水，稱為「家庭汙水」。我們每人每天的用水量高達兩百五十公升，避免這些汙水直接排進河裡、海裡，就是避免汙染河川、海洋的最佳辦法。

●把髒水淨化成魚兒能生存的水質，需要幾浴缸的水？

假設一個浴缸的水容量是300公升

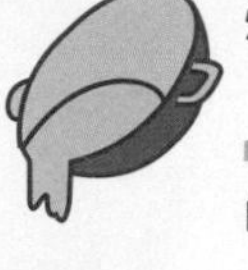

炸油用過的（20毫升）➡ 20個浴缸的水

牛奶一杯（200毫升）➡ 11個浴缸的水

味噌湯一碗（180毫升）➡ 4.7個浴缸的水

資料來源：日本環境省「生活雜排水對策推進指導指南」

保護水源

自來水的水源來自河川、水庫、湖泊、地下水和湧泉。

日本秋田縣美鄉鎮六鄉地區的居民，致力於推廣保護湧泉水源的活動。他們利用水田打造出「人工蓄水池」調蓄和涵養地下水，並舉辦山毛櫸的植林活動，栽種可吸收、淨化雨水的森林。

你也可以調查看看你的城市使用的自來水來自哪裡？有沒有採取什麼樣的保水措施？

入選日本名水百選的湧泉水「御台所清水」。

正在種樹的當地小學生。

現金

預借

幹嘛？

Q 「會讀寫的人口比例」稱為什麼？①讀字率 ②試讀率 ③識字率

Ⓐ ③ 識字率。UNICEF二〇二〇年調查指出，撒哈拉沙漠以南的非洲地區有些國家15歲以上的人口識字率不到40%。

Q 工作時間很長卻不支付加班費，這類勞動條件惡劣的公司稱為什麼企業？①白心 ②紅心 ③黑心

※咻

對了！

這會不會太……
沒關係啦。

我只是去拿回自己的錢嘛。

這是你半年後的房間啊。
現在是上午，
半年後的我，應該去學校了。

咦？

平常放在那裡的撲滿不見了！

是不是換地方了啊？

誰叫你平常東西都亂丟。
媽媽——

你有看到我的撲滿嗎？
沒看到啊。

A ③黑心企業。這類公司的其他惡劣行徑，還包括指派做不完的工作、性騷擾、職場霸凌等。

教育・工作 Q&A

Q 改善工時過長、兼職人員待遇較差等問題的方法稱為什麼？ ①責任制 ②遠端工作制 ③勞動改革

Ⓐ③勞動改革。目標在打造一個勞工可配合自身狀況，選擇不同勞動方式的社會，同時也制定了相關法律。

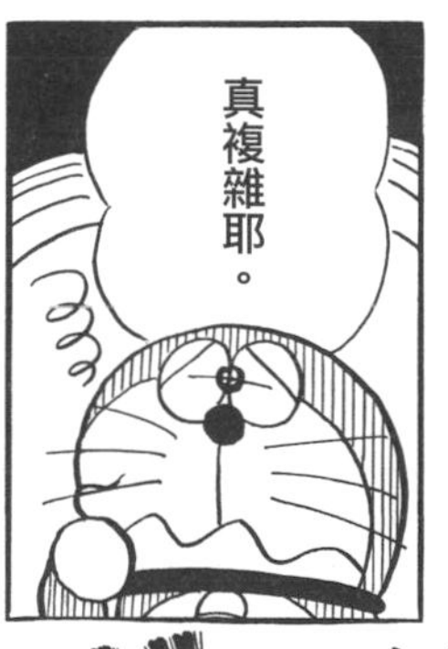

※乒、咚咚咚

※緊抓

教育・工作Q&A

Q 三十年後的日本，大約每幾人就有一人超過六十五歲呢？①每三人 ②每四人 ③每五人

你真是笨手笨腳的。
是你先弄錯的耶!!
啊啊啊！被你搞砸了。

一千八百圓全泡湯了……

隔天

不是說每天都要幫我搥背嗎？
我不想搥了。

做事不能半途而廢!!

哥，我被分期付款逼到喘不過氣來了，借我一點錢吧！

現代人的生活方式真是痛苦啊。

A ①每三人就有一人。預估到二〇六五年時，一位六十五歲以上老年人口的老人年金，將由一點三位青壯年人口支付。

4 優質教育

任何國家的人民都有受教育的機會

無法上學的孩子們

無論是在日本還是台灣，大多數孩童到了六歲的年紀，就會進入小學就讀。但是根據聯合國兒童基金會的調查指出，全球想上學卻不能去的孩子，大約有五千九百萬人（二〇一八年）。

無法去上學的原因，除了國家內亂之外，還包括附近沒有學校、家境貧窮必須工作、必須照顧弟弟妹妹，以及女生沒必要受教育等根深柢固的觀念影響。

無法去上學的結果？

幾乎所有日本人都能讀寫，全球的識字率也超過九成，但這當中，撒哈拉沙漠以南的非洲地區，識字率卻不到八成（二〇一八年的資料）。

不會讀寫不僅無法看書，也看不懂藥物說明、地雷等警示標誌，這些皆與性命安危有關。再者，長大後也較難找到穩定的工作，收入也多半偏低。換言之，教育也可說是停止貧窮繼續惡性循環的方法（請參考十九頁「貧窮世襲」）。

●沒上小學的兒童比例（非洲）

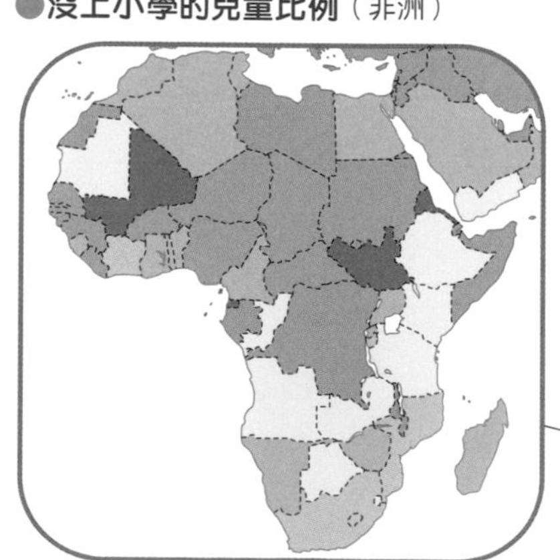

0～5%
5～10%
10～20%
20～40%
40%以上
無資料

全非洲沒上小學的兒童約有五千九百萬人，其中有一半以上，也就是大約三千兩百萬人，生活在撒哈拉沙漠以南的非洲地區。

資料來源：聯合國兒童基金會統計研究所

世界寺子屋運動

寺子屋是日本以前的私塾舊稱，世界寺子屋運動（World Terakoya Movement）是日本 UNESCO 協會聯盟發起的運動。

該組織在世界各地提供學習的場所，教導各國不分年齡、有心「學習」的人讀寫、算術和生活常識，此外也傳授種菜、養雞、製作民俗工藝品的技術，幫助他們增加收入。

世界寺子屋運動主要在尼泊爾、柬埔寨等亞洲地區進行。另外也舉行「明信片募集活動」。

這項活動募集寫壞沒寄出的明信片，或是沒用過的郵票等，換成現金後捐給全球的寺子屋。各位讀者也歡迎共襄盛舉。

在柬埔寨一所寺廟小學上課　©日本 UNESCO 協會聯盟

●明信片募集活動

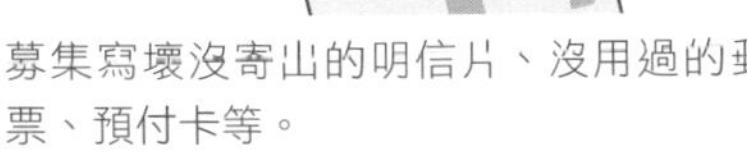

募集寫壞沒寄出的明信片、沒用過的郵票、預付卡等。

國際NGO提供教育援助

國際非政府組織「國際培幼會（Plan International）」致力於推動讓每位兒童都能平等且持續接受高品質的教育，尤其投入對女性的援助。

舉例來說，該組織為了讓迦納當地家境貧窮、無法繼續就學的孩子們受教育，因此開設非正式學校。

該組織也在寮國展開「少數民族兒童教育」計畫。寮國當地的多數家長都不會讀寫，幼兒園和小學教師也缺乏少數民族子女教育的相關知識，因此該組織提供學習環境，提高基礎學力。

8 尊嚴就業 與經濟發展

何謂有尊嚴的工作方式？

與工作相關的問題

世界各地目前仍有許多人失業。更多人是即使有工作，工作內容卻十分嚴峻，而且只能領到微薄的薪資。此外，日本等先進國家也有工作時間過長、正職與約聘人員薪資有落差、男女同工不同酬等問題。

更進一步來說，全球約有四千萬人是奴隸，而且當中每四人就有一人是兒童。所謂的奴隸是指，因人口買賣等行為，使他們喪失身而為人的權利，不但失去自由，還被迫勞動。

世界各地的童工

童工是指不能去上學，一整天都在幫忙家務或農務，或是照顧家中弟弟妹妹，甚至被父母賣去農場等地方工作的孩子。多半出現在非洲和亞洲地區。

●五歲到十七歲的兒少童工人數

約1億6000萬人

全球兒少
每10人
就有1人

資料來源：日本兒童勞動網

●各地區的童工比例 ※ 此百分比是指該地區 5-17 歲人口中的童工人數比例

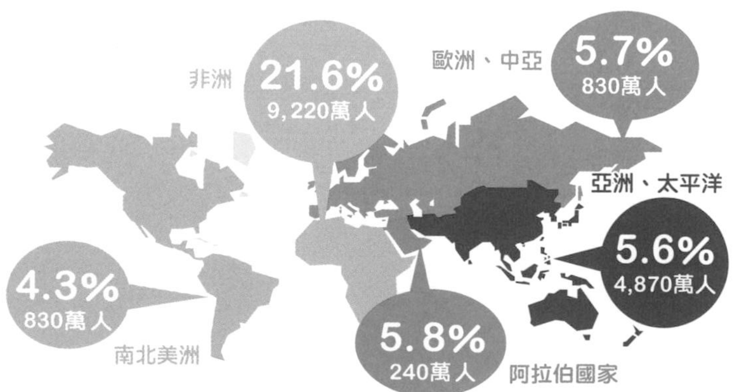

資料來源：聯合國兒童基金會／聯合國國際勞工組織（International Labour Organization，縮寫成 ILO）《童工：2020 年全球預估、傾向與今後的發展》

全球兒童與少年（五至十七歲）之中，每十人就有一人成為童工，其中有半數是從事有害且危險的勞動，例如從軍或人口販運等。

推廣有尊嚴的工作

有尊嚴的工作指的是「有工作價值、被當成人對待的工作」，包括薪資與工時的相關制度完整，工作的同時又能過著健康優質生活，可兼顧生活與工作，享受醫療、年金、育兒、照護等服務，不會因性別、國籍、年齡等而有差別待遇等。

世界各地正在進行改革，期望讓所有人都能享有這樣有尊嚴的工作。

●不同勤務型態的差別待遇範例

●不健康的工作

微笑迦納計畫

日本非營利組織「ACE」在非洲迦納施行「微笑迦納計畫」。

迦納是世界主要的可可豆產地，但小規模的莊園雇不起工人，因此以童工為重要的勞動力。「微笑迦納計畫」的目的就是為了保護兒童不要成為這類危險的童工，協助孩子享受上學的權利。

這項計畫是從二〇〇九年開始實施，這些參與活動的村子，多數孩子都不再是童工，能夠去學校上學。此外，父母也了解到小孩接受教育的重要性，村子充滿光明與希望。

在可可豆莊園工作的小孩

影像提供：非營利組織 ACE

一起想一想！

我們能做的事

4 優質教育

SDG 4 教育活動

這項全球規模的活動，目的在認識世界各地的教育現狀，想想自己能夠做些什麼並著手解決問題。

由教育界的二十個國際非政府組織聯盟通力合作推行，包含兒童、教師、市民、企業等共襄盛舉。透過網路與全球一百個國家共同參與，互相討論自己能夠做些什麼，讓世界各地的孩子們都能接受教育，並採取具體行動。

送書包

「可樂麗（Kuraray）」是日本的一家化工公司，規劃了「讓書包飄洋過海」企劃，送書包給內亂持續多年的阿富汗當地孩子們。從二〇〇四年起歷經十九年，共計已經贈送超過十三萬個書包。

多數阿富汗的孩子上學必須耗時超過一個小時，走過沒有鋪設柏油的道路，因此有了又輕又耐用的日本書包，小孩子都很高興。

影像提供：可樂麗公司

男女都有書包，讓他們了解女性也有資格接受教育※。

※ 阿富汗在 2021 年塔利班政權重新執政後，不承認女性有接受教育的權利。

捐款或當志工

在日本也有幾個非政府組織和企業，在開發中國家蓋學校或是贈送文具。此外，這類團體多半都有公開募款。捐款也是我們能做的事情之一。

年滿二十歲之後，還可以加入青年海外和平工作團等團體擔任志工，前往當地參與學校建設或教育。

建議各位現階段可以先仔細調查有哪些團體、在哪裡、進行什麼樣的活動。

調查有哪些工作

你將來想要從事什麼工作？從事那份工作會是採用什麼樣的工作方式？這些你都可以事先搜尋看看。至於還不清楚自己將來想做什麼工作的人，也可以查查看有哪些工作可供參考。

你可以透過下面的網頁查詢。

學研 Kids Net
https://kids.gakken.co.jp/

EduTown 關於明天
https://ashitane.edutown.jp/

調查日本的勞動相關問題

日本在工作方面有哪些相關問題呢？各位可先針對新聞上常聽到的「過勞死」、「黑心企業」、「勞動改革」等關鍵字查詢看看。

此外，你也可以問問家裡的人，在工作上會遇到哪些困難。別忘了打聽做家事和照顧小孩的煩惱。

支持良心企業

良心企業是指關心人權和環保的公司。我們應該要支持這種重視良知的企業與店家的商品。

日本的消費者廳※也會鼓勵民眾「購買身心障礙人士生產的商品」。世上有些人即使很想工作，卻受限於身心的障礙狀態而「無法找到工作」或「無法找到自己想做的工作」。

另一方面，也有些企業會雇用身心障礙人士或協助他們順利工作。購買這類企業的商品、服務，就能夠增加身心障礙者受雇的機會和工作量，也是有實質意義的幫助。

※消費者廳：隸屬內閣府（相當於臺灣的內政部），專管消費者安全、安心相關問題，例如：蒟蒻果凍窒息意外、產品標示不清導致消費者混淆、消費詐騙、消費者個資外洩等。

如果吃了男女顛倒藥？

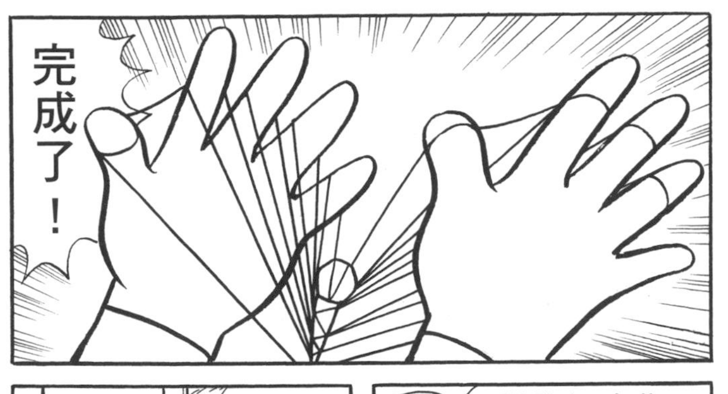
完成了！

花了好長的時間，好不容易發明新的翻花繩。
取名叫「飛舞的蝴蝶」。

如果讓靜香看，她一定會很佩服。

※砰

弄壞了啦！我再也做不出那個圖案了。

大雄，你應該玩一些像男孩子的遊戲啊！
之前我特地買足球給你，結果你老是借給朋友……
爸爸覺得很丟臉耶！

Q 如何稱因性別、身體特徵、國籍等而以不恰當方式對待或看不起對方？①兩極化 ②區隔化 ③歧視

※噴噴

Ⓐ③歧視。兩極化是不同、有差異的意思，包括資訊、房租、地區發展的兩極化等，用來從各種不同的角度表現差異。

Q 日本選手第一次參加的帕運是在哪個城市舉行？①倫敦 ②東京 ③雅典

球來了！

怎麼樣，你要加入男生，還是女生那邊？
哇～～
哇～～
哇啊～～

※砰

男孩子一下子就哭了，真是討厭。
對啊。

男孩子怎麼可以玩足球？

那麼調皮搗蛋，

你會娶不到新娘喔。

趕快讓一切恢復正常吧。

A ②東京。日本選手首次出賽是一九六四年舉行的第二屆帕運。順便補充一點，第一屆帕運是一九六〇年在羅馬舉辦。

性別是什麼？

何謂性別？

這裡的性別指的不是生物學上的生理性別，而是「男子氣概」、「女人味」、「家事是女人做的」這類由社會上的任務分攤所創造出來的社會性別。

一直以來，社會上總是存在著只要「身為女性」就會遭遇到的各種不平等對待，還有在社會上的活躍機會也較少等問題。

時至今日，世界上也仍然有國家的女性被當成童工買賣，或被父母逼迫早婚（童婚）。

日本是社會性別落後的國家

儘管各個國家與地區的情況並不相同，不過女性在政治、企業、公領域等場合，仍然承受著許多不平等的待遇。男女的社會參與及活躍機會的兩極化，稱為「性別落差（Gender Gap）」。

世界經濟論壇（World Economic Forum，縮寫成WEF）以「性別落差指數」來表示男女的不平等，日本在全球一百五十六個國家中排名第一百二十（二〇二一年）。由數據來

●性別落差指數

排名第120的日本（實線）
排名第1的冰島（虛線）

政治：國會議員的男女比
經濟：企業管理階層的男女比
教育：識字率與入學申請率的差異
健康：出生時與健康壽命的男女比

0.2　0.4　0.6　0.8　1.0

資料來源：世界經濟論壇
※ 指數為 0 ～ 1。0 表示完全不平等，1 表示完全平等。

●國會議員（眾議院）的女性比例

（2021年9月的資料）

9.9%
（眾議院）

190國之中排名165

資料來源：列國會議同盟「國會的女性月排名」

看，日本在健康、教育方面沒有出現男女落差，但是在政治、經濟方面的男女落差卻很大。

消除童婚

聯合國兒童基金會與聯合國人口基金（United Nations Population Fund，縮寫成UNFPA）自二〇一六年開始推行「遏止童婚全球計畫」。

計畫目的在消除未滿十八歲的孩子結婚或被迫結婚。目標是在二〇二三年之前援助非洲、中東、南亞等共十二個國家、超過一千四百萬名的十幾歲青少女。做法是持續幫助青少女接受教育與衛生保健服務，對家長和當地民眾宣導童婚的危險。

衣索比亞的阿亞特（14歲）差點被迫結婚時，利用在學校性別社團學到的知識和鼓勵，成功避免了童婚。

© UNICEF/UN0278285/Mersha

認真的女人最美麗

●柯尼卡美能達公司

開發影印機、影像診斷儀器的柯尼卡美能達公司，積極針對職場的男女平等、產假、育嬰假、陪產假的上班時間、工作品質、勤務內容變更等，改善公司制度，打造「友善的工作環境」。

他們更進一步擴大女性員工活躍的舞台，對於「是否值得在這家公司服務」的正面肯定現在也越來越高。

二〇一六年獲得日本厚生勞動大臣（相當於臺灣的衛福部暨勞動部部長）認證為優良企業。

●資生堂採取的行動

專營化妝品生產銷售的資生堂公司，多年來採行各種措施，因此現在女性管理階層的比例超過百分之三十。今後的目標是將比例提高到百分之五十。他們的積極作為使得公司二〇二〇年在內閣府（相當於臺灣的內政部）「光輝女性先進企業表彰」中，獲得「內閣總理大臣獎」。

此外，資生堂公司也對外舉辦「資生堂女性研究人員科學獎」，意在提供女性研究人員指導次世代的輔導金，並支援她們的研究活動。

女性主管培訓課的現場

10 減少不平等

為了實現人人平等

全球的貧富差距逐漸擴大

不平等是指原本應該平等的事物卻沒有如此，因此產生兩極化的狀態。現在世界各地隨處可見因年齡、性別、人種、民族、經濟地位等所產生的不平等。甚至有報告指出，從經濟角度來看，全球最富裕的兩千一百位富豪的資產總和，超過全球最貧窮的四十六億人口的資產總和。

忍受飢荒之苦的民眾（索馬利亞）
© World Vision

看出所得分配不均的吉尼係數

「吉尼係數」是用來呈現某國或某地區所得分配是否平均的指數。以0到1之間的數字表示，數字越大，代表該國或該地區的貧富差距越大。比方說，某個集團的吉尼係數如果為0，表示該集團內的每個人所得皆相同，沒有高低之分。

吉尼係數偏高的國家，除了非洲撒哈拉沙漠以南和南美洲各國之外，還包括日本、俄羅斯、美國等在內，不一定僅限於貧窮國家。

吉尼係數高＝不平均

1

0

吉尼係數低＝平均

資料來源：GLOBAL NOTE

排名	國家	吉尼係數
1	南非	0.62
2	哥斯大黎加	0.48
3	巴西	0.47
4	智利	0.46
5	墨西哥	0.42
8	美國	0.39
15	韓國	0.35
16	日本	0.33
21	俄羅斯	0.32
34	瑞典	0.28
36	丹麥	0.26

※ 吉尼係數的理想值是 0.2 ～ 0.3，超過 0.5 表示所得嚴重分配不均。

協助難民的組織

所謂「難民」是指「由於種族、宗教、政治見解等不同，待在自己的國家會有生命危險，因此被迫逃往其他國家的人士」。

日本的國際非政府組織「難民協助會」持續在救援難民之中，尤其是需要面對更多難關的身心障礙難民。

另外，該組織也在柬埔寨和塔吉克等地方推行「融合教育（Inclusive Education）」（意思是所有孩子都能夠接受教育，不管是否有身心障礙，或是人種、語言不同等）。

塔吉克的法夫利汀小弟弟，學會使用輪椅後就能去上學了。

大日本印刷等企業的行動

世界各地有很多人即使想靠開車賺錢，卻也會因為本身的貧困狀態，無法通過車貸資格審查。於是GMS（Global Mobility Service）日本全球行動服務公司，透過FinTech金融科技（Financial technology）向這些人提供融資服務，協助他們購車。

大日本印刷公司也加入金融科技服務，開發「物流配送配對系統」，媒合託運人與貨運司機。

為了消除菲律賓的貧窮，以及物流架構不完整的兩項社會問題，大日本印刷公司協同GMS公司，以「創造就業機會」為目的，在菲律賓提供服務。

託運人可上網利用共享貨車定位資訊與送貨紀錄等的雲端系統，委託貨運司機收件，貨運司機就能夠安排最理想的路線，完成貨物的配送。這項系統仍在持續開發擴充中。

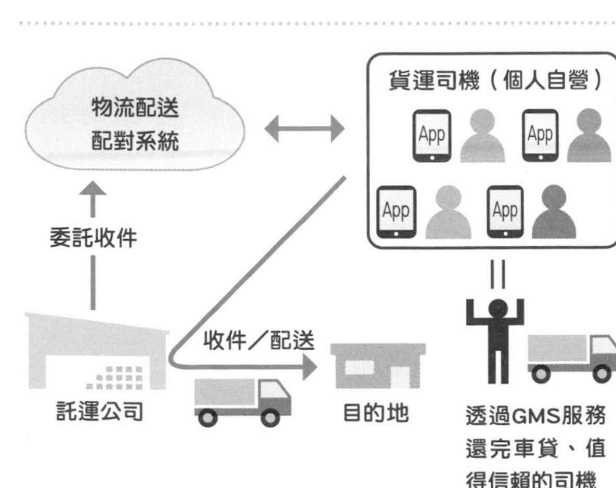

一起想一想！

我們能做的事

全家人共同分擔家務

在家做家事、照顧小孩，不會領到薪水，但這些「工作」跟其他工作有相同的重要性，因為我們的生活中少不了這些事情。

你家是誰在負責打掃、洗衣、煮飯？又是誰在負責照顧小孩和老人？你又幫了哪些忙呢？如果可以的話你願意多幫忙嗎？

檢視「刻板印象」

「男生要有男生的樣子」、「女生要有女生的樣子」這到底是什麼意思呢？人們對於性別總是存在以下這些偏見：

・「男生的樣子」＝喜歡黑色或藍色、有活力、擔任領導角色。
・「女生的樣子」＝喜歡紅色或粉紅色、文靜溫柔、擔任協助角色。

事實上很多女孩子擅長領導，也有很多男孩子喜歡紅色和粉紅色。

硬是要求別人符合刻板印象，等於是剝奪對方「做自己」的機會。希望社會都能夠接納每個人的「真實面貌」。

認識「LGBT」

有些人會愛上的對象不是異性而是同性，有些人同性、異性都可以，另外還有些人的生理性別與心理性別不一致。這類性少數人士，取各自名稱的字首，合稱為「LGBT」。

大家可以去調查看看哪些事情對於「性別平等」來說很重要。

《小朋友認識性別》
大貫詩織 著
Wani Books Co., Ltd.

《你在這個世界上獨一無二：親子聊LGBTs入門書》
鶴岡空安 著
日本能率協會管理中心

絕不霸凌別人，一起幫助有困難的人

身邊的朋友就算有跟自己不同的地方，也絕對不能排擠或霸凌對方。接納並理解每個人的不同很重要。

另外，在電車或公車上看到年長者、抱著嬰兒的人、行動不便的人，請主動出聲讓位，或是讓出一條路方便對方通行。這些舉動也是消除不平等的重要行動之一。

她是不是遇上什麼麻煩了？

參加在地體驗活動

有些地方會提供輪椅體驗這類的體驗活動，參加這類體驗也是培養同理心的方法。

藉由這些體驗，你就能夠體會年長者、行動不便者在日常生活中會面臨的狀況，也多少能夠理解生活中必須面對各種困難的人的心情。

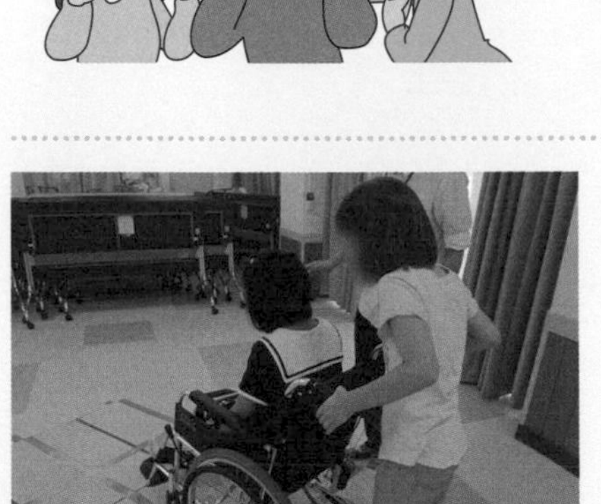

日本社會福祉法人新宿區社會福祉協議會在落合第二小學舉辦的輪椅體驗學習活動。

學習手語和點字

聽障者使用「手語」，視障者使用「點字」。

手語是組合手的位置、手勢、手部動作等傳達意思，可以透過書籍或影片學習。

點字則是以手指觸碰的文字，文字以六個點的排列組合構成。車站和人行道等地方常見的「定位磚」，對於保護視障人士的安全，具有相當重要的功能。

定位磚

有了它就能知道往哪裡走才安全、走到哪裡應該停下來。

追蹤徽章

ギンギン
ギラギラ
※豔陽高照
原來你在這裡！
フジモトくん
隔壁鎮的棒球隊提出比賽邀約，明天早上九點在空地集合。
收到。
還有三個人要通知。
所以我就說我不要當球隊經理嘛……
天氣這麼熱……

技術改革
Q&A
Q Infrastructure 指的是什麼？① 基本建築 ② 基礎設施 ③ 基地建設

咦？安雄不在家？
我才想問你胖虎去哪裡了……
居然不留在店裡幫忙。

每個人都給我亂跑。
要去哪裡也不說一聲。

別抱怨了。
那是你的工作耶。

※癱軟──
累死我了……

換言之只要知道哪個人在哪裡就好了對不對？

※啪啦啪啦

全都送出去了。

為什麼要把好東西送給人家……

那是追蹤器。

還有雷達地圖。

OFF
ON
電源開關
南北
N S
東西
E W
畫面移動
拉近拉遠
操縱桿

只要收到追蹤器發出的電波，地圖上就會顯現記號。

Ⓐ②基礎設施。指的是學校、衛生所等公共設施、鐵路、供水與汙水系統、燃氣、電話等攸關社會生產與民生的基本設施。

Q 下列何者不屬於基礎設施？①機場 ②電影院 ③行動電話

只要知道誰拿了什麼徽章，
就可以知道他的行蹤！

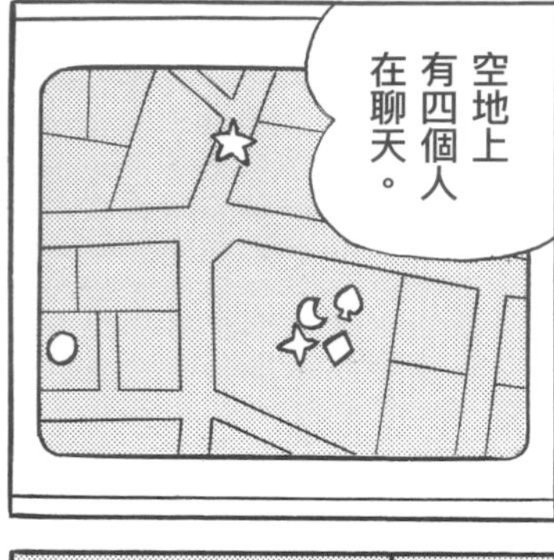

空地上有四個人在聊天。

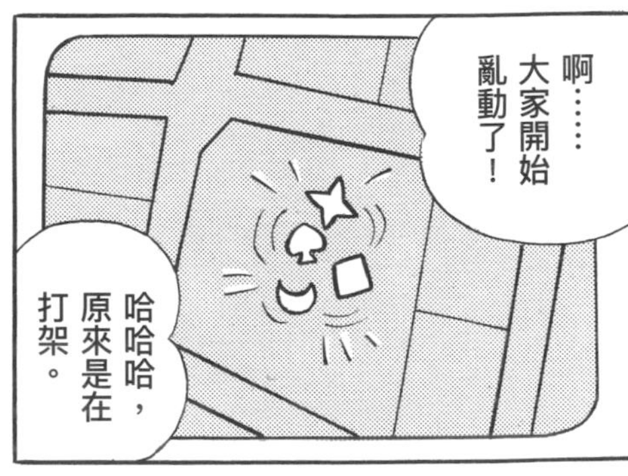

啊……大家開始亂動了！
哈哈哈，原來是在打架。

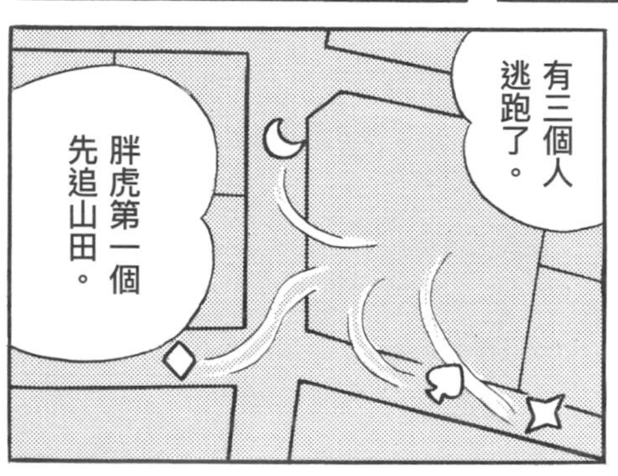

有三個人逃跑了。
胖虎第一個先追山田。

距離越來越近。
啊……快被抓到了。

看來是被揍了。

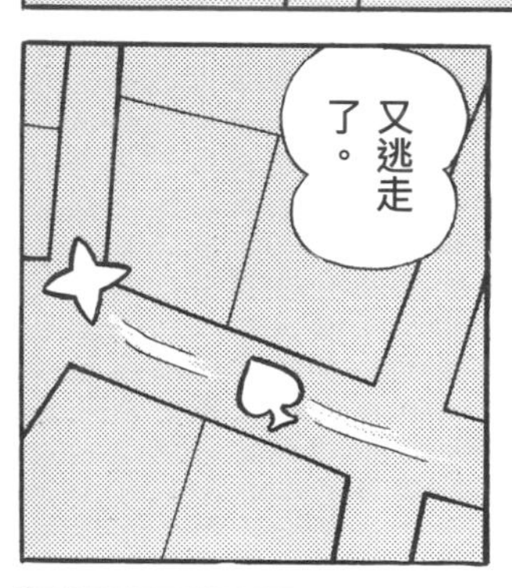

又逃走了。

終於逃回家了。

好好玩喔。

去嚇嚇他。

A ②電影院。基礎設施指的是與社會生產、民生息息相關的基礎建設，通訊（電話、電視、網路）也包括在內。

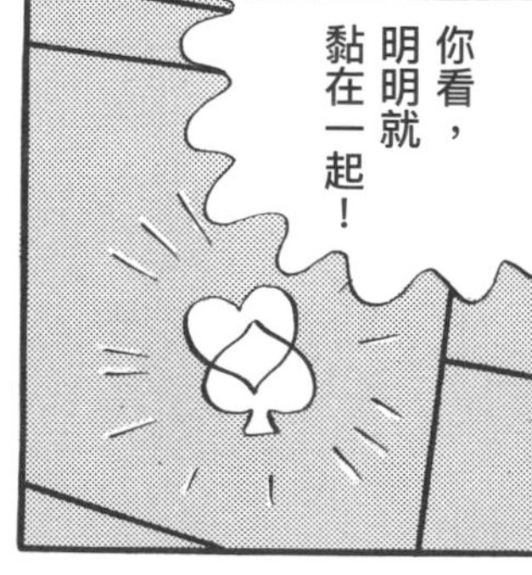

Q 開發中國家的網路普及率大約是百分之多少？①八十點九 ②四十四點四 ③十九點五

真討厭！你居然那個跟死胖虎、臭胖虎亂來！

你有種再說一次。
原來是在水泥管裡。

安雄到底跑到哪去了？
這孩子……

有急事的話，我可以幫你找。

喔……他站在書店看書啦……

誰在哪裡都逃不過我的法眼。
？

我聽人家說……
不管是誰你都知道在哪。

快告訴我胖虎在哪裡？
不說就有你好看！
在空地的水泥管裡。

A ②百分之四十四點四。①是已開發、③是低度開發國家（認定的47個非洲、亞洲國家）。目前仍然有許多國家沒有網路。

技術改革 Q&A

Q 運算速度與圖表分析等功能堪稱世界數一數二的日本超級電腦是什麼？①富岳 ②東京 ③武士

冒出

竟然給我們戴奇怪的徽章！

全都黏在大雄的身上！

別跑。

好奇怪……

這五個人已經進去廁所一小時了。

我在這裡。
趕快帶我走，別讓他們發現。

A ① 富岳。二〇二一年三月起正式啟用。期待它能夠廣泛應用在人工智慧、大數據分析等各種領域。

9 產業創新與基礎設施

透過產業與技術改革邁向更美好的世界

什麼是基礎設施？

目標9的重點之一是「發展基礎設施」。「基礎設施」也稱為公共建設，是「攸關社會生產與民生的基本設施」。

具體來說，民眾生活不可或缺的自來水、汙水下水道、電力、天然氣等設施都包括在內。

此外還有鐵公路、電話、網路等讓生活更便利的設施。

部分國家的基礎設施不夠完備

基礎設施是一個國家經濟發展的基礎。現在包括日本在內的先進國家理所當然都有完整的基礎設施。

問題是，有些開發中國家沒有道路；或是即使有道路，也會一下雨就被淹沒，導致移動受阻。諸如此類的情況都成為這些國家無法擺脫貧窮的主因。

另外，開發中國家有些地區沒有信號，無法使用行動電話等。現在有許多國家和企業正在協助這些開發中國家擁有更完善的基礎建設，但仍在努力中。

●維繫我們生活的基礎設施

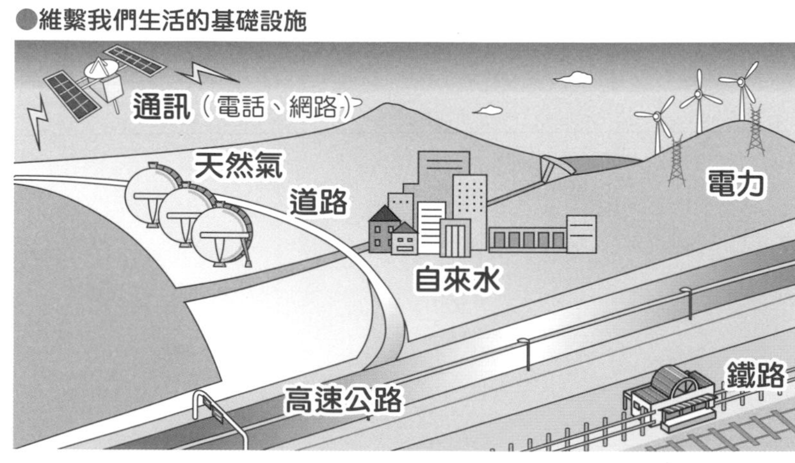

都市裡的「貧民窟」

據說到了二〇五〇年，全球超過三分之二的人口將生活在以各國首都為主的都市裡。

雖然有越來越多人能夠獲得高品質的教育和醫療，但有些國家的都市裡，貧困人家居住的簡陋住居聚集在一起，形成了「貧民窟」。

貧民窟的下水道、廁所、垃圾處理等生活必要設施不夠完善，衛生條件惡劣，因此容易滋生傳染病，治安也通常比較不好。

●全球人口與都市人口的變遷

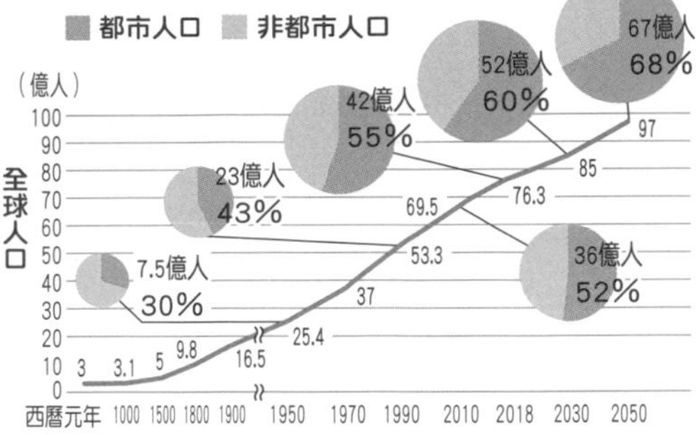

資料來源：聯合國兒童基金會「優勢或悖論？在都市中成長的兒少所面臨的挑戰 2018」

「資訊取得」的重要性

現在，全球有超過半數的人口都在使用網路，但是低度開發國※中能夠上網的人，五人之中不到一人（二〇二〇年）。

像網路這類ICT資訊與通訊技術（Information and Communication Technology）的知識量多寡，影響到求職的職業類型與所得，也會造成人民生活水準的貧富差距。

因此，開發中國家想要發展新產業，除了供水與汙水系統、電力、道路等基礎設施外，擁有完善的上網通訊基礎設備也很重要。

網路究竟是什麼？

電腦透過電纜等的連接，讓資訊能夠互相交換，這種架構就稱為「網路」。不只家裡和學校，你還能夠與全世界的網路彼此串連，這個架構稱為「網際網路」。

有能力上網的人越多，就有越多人能夠從網路上取得生活和工作上需要的各種資訊和知識。

此外，網路對於教育的影響也很大。線上教育對孩子們來說，也擴大了未來挑選工作的可能性。

※低度開發國家：發展尤其遲緩的國家。

瓦托力公司的行動

非洲南部在二〇一六年，有超過六成人口，也就是大約六億人，過著無電可用的生活。大約有四成人口無法取得安全的飲用水。

因此由義大利與西班牙人合組的瓦托力公司（Watly），開發出一台能夠產生電力、水，並提供網路的機器，這台機器就叫做「瓦托力（Watly）」。

「瓦托力」是利用太陽能板，將太陽能轉換成電力，儲存在電池內的機器。

儲存在電池裡的電力不僅能夠當作能源使用，也可以用來過濾、煮沸、蒸餾不乾淨的水，一天可製造五千公升乾淨安全的飲用水。

另外，在無法拉網路線的地方，「瓦托力」也能夠提供可無線上網的路由器（hub）。

●瓦托力

以太陽能板轉換太陽能，再把電力儲存在電池裡。

有了電就有燈，有了照明，晚上也能讀書。

一年可提供一百八十萬公升以上的安全用水，有助於預防傳染病。

NESIC的行動

位在東南亞的緬甸，正在急速進行經濟改革，加速工業化發展。

NESIC（NEC Networks & System Integration Corporation）日本網路科技公司在緬甸無電可用的地區，建設太陽能發電廠，並與雙日綜合企業、NTT Communications 電信公司這兩家日本企業合作，設置行動電話通訊設施，促進當地基礎建設的完備。

另外，他們也與緬甸的在地企業合作，在當地深耕發展，提供緬甸人更多就業機會，並從日本派人來指導技術人員，對於人才培育也有貢獻。

豐田汽車的行動

豐田汽車自二〇一二年開發生活支援機器人，名叫「HSR（Human Support Robot）」，可協助行動不便者搬運、撿拾掉落物品，代替身心障礙者動起來。

到了二〇一七年，他們發表可遠端操控的人形機器人「T-HR3」。

操控者透過主操控系統與機器人連動，能夠感受到遠處機器人承受的外力，讓機器人同步做出與自己相同的動作，還能夠即時看到機器人搭載的立體視覺攝影機所拍攝到的立體影像。一邊看著影像、一邊操控機器人的手腳，感覺機器人就像是操控者的分身。

期待這些協助人類生活的陪伴機器人今後能夠更加的活躍。

「HSR」在二〇二一年東京帕運上的表現，受到媒體大篇幅報導，因而成為當時的熱門話題。當時是從三個地方，包括距離兩百公里遠的愛知縣豐田市，進行遠端操控，讓機器人活動。

拿著寶特瓶的生活支援機器人「HSR」。

也能撿起掉在地上的紙張。

還能夠用攝影機拍照。

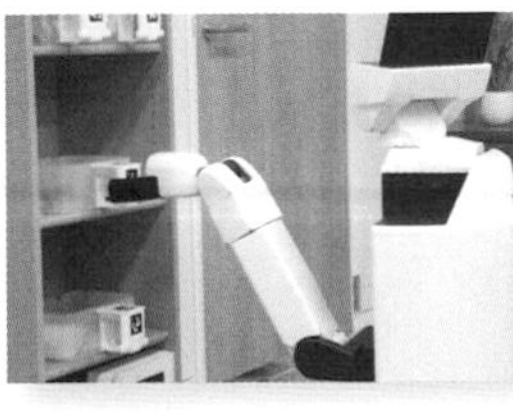

可遠端操控選出正確的品項。

人形機器人「T-HR3」。

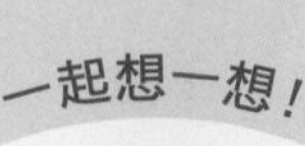

我們能做的事

認識日常生活中的基礎設施

請調查看看，家裡為什麼能夠提供你平常用得沒有自覺的電力、天然氣、自來水、網路等。

以電力為例，如下圖所示，首先是由發電廠製造電力，製造出來的電力送到可改變電壓※的變電所，接著透過電線桿上的變壓器，轉換成家家戶戶能夠使用的電壓後，才送到每個房子裡。

※電壓：使電流動的力量。

平賀源內的靜電產生裝置

這是日本十八世紀中後期，由博物學家平賀源內修繕完成的荷蘭製裝置，也是日本最古老的發電機械。（日本國立博物館館藏）

我們身邊的基礎設施使用了哪些技術？

智慧型手機、平板電腦、電玩遊戲機等在你身邊的物品，用上了哪些技術，請試著找出來。

智慧型手機和平板電腦是網路

❶ 發電廠

除了利用水力的水力發電之外，還有火力發電廠、核能發電廠等。

❷ 變電所

發電廠送來的電在這裡逐漸降低電壓，配合使用場所降成可用的電壓，再送到工廠和大樓。

❸ 桿上型變壓器

降低到家庭和商店可使用的電壓。

資料來源：日本中部電力公司

問世後才出現的發明，一台機器搭載各式各樣的功能，能夠播放音樂和影片，還有相機可以攝影。

請想想AI沒有、但人類有的優點

●何謂AI？

AI是Artificial Intelligence也就是人工智慧的縮寫，是一種能夠與人類採用相同思考模式去記憶和學習的電腦。

研究人員在一九五〇年代就開始這方面的研究。到了一九九七年，IBM公司的AI下西洋棋贏過世界冠軍，後來更進一步進化，陸續贏過將棋、圍棋的世界頂尖選手，這代表電腦性能有大幅度的提升。

甚至有人預測，現在的職業種類在未來將有一半會消失。請試著了解AI的特性，並想想看有哪些事情只有人類才能做到吧。

●AI應用的領域

・臉部驗證系統

利用攝影機拍攝人臉，就能確認是否為本人。這項技術通常應用在機場入境審查、智慧型手機的人臉辨識解鎖、警察的犯罪搜查等。

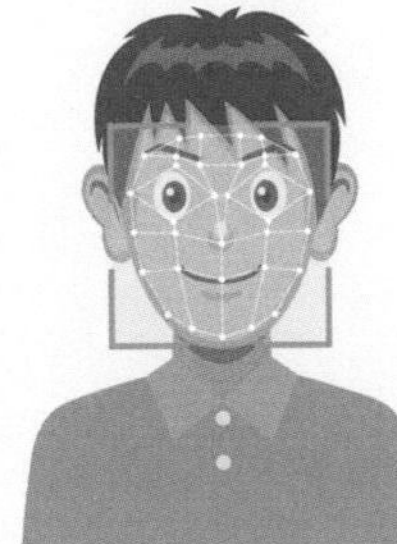

・天氣預報

讓AI透過人造衛星過去捕捉的雲雨影像進行分析與學習，提高天氣預報的準確度。

・自動翻譯

透過將字典編程到AI程式中，就能夠進行多國語言翻譯。使用在自動翻譯機、機場大廳客服機器人等。

●研究、開發領域

・自動駕駛

・新藥開發

・疾病診斷

・照護機器人等等

●人類與AI最大的差別

AI能夠將過去輸入的大量資料，套入公式演算導出答案，但AI現階段仍無法理解答案的意義。

相反的，人類只要導出答案，就能夠解釋為什麼會得到這種答案，也能夠理解這個答案有什麼幫助。

「能否理解意義」就是人類與AI之間最關鍵的差別。「情感」、「想像力」、「與他人往來產生的經驗」，也是AI無法擁有的領域。

最重要的是各位要讓這些人類獨有的東西更加豐富，因此，珍惜機會多閱讀好書，多表達自己的心情，體諒他人的情緒。

9 產業創新與基礎設施

什麼是Society 5.0？

Society 5.0 也就是社會5.0，是指以AI（人工智慧）與IoT※（物聯網）為基礎，串連虛擬空間與現實世界，帶給人類更友善便利的社會型態。而這也是目前日本政府規劃的未來藍圖。

人類初誕生時是狩獵採集社會，在西元前進入農耕社會，到了十八世紀末是工業社會，二十世紀後期是資訊社會，接下來將進入人類史上的第五個新社會，稱為「5.0」。

※IoT：不只是電腦和智慧型手機，人類讓家電產品、汽車、工廠機械等所有東西都能夠連線上網，因此催生出全新的服務。

資料來源：日本經濟團體聯合會資料

Society 1
狩獵採集社會
Society 2
農耕社會
Society 3
工業社會
Society 4
資訊社會
Society 5
與大自然共生
開發灌溉、農業技術
發明蒸氣火車頭、紡紗
發明電腦
人類誕生
西元前13000年
18世紀末
20世紀後期
21世紀前期～

過去的資訊社會（4.0版）
虛擬空間
雲端
人連線後得到資訊並進行分析
現實世界

社會5.0
虛擬空間
AI（人工智慧）分析大數據
感測器資料
新價值
現實世界

資料來源：日本內閣府

在這個未來社會，AI和機器人能夠使用大數據（Big Data，又稱巨量資料）解決各種社會問題，藉此消除地區、年齡、語言等造成的分化，在必要時刻把必要的物品和服務傳送給必要的人，實現更舒適的生活。

夢想城鎮・大雄的世界

城市改造 Q&A

Q 目標是開發出方便全人類使用的東西，這種想法稱為？①無障礙設計 ②通用設計 ③影像設計

A ② 通用設計（Universal design）。指的是無論是否有身心障礙，也無論年齡、性別、國籍，考量到多數人方便使用的設計。

那麼，我去做給你。

你要怎麼做給我？

把我們自己的家……

※嗡嗡

カシャ

※喀嚓

「拍立得速成迷你屋製造照相機」。

拍下來就好了！

完成。

ポト

※咚咚

哇啊！連家裡的細部構造都一樣耶！

不過，玩具又不能住人。

城市改造 Q&A

Q 保護全人類共同遺產制定「世界遺產公約」的是哪個？① UNICEF ② 聯合國教科文組織 ③ 高峰會

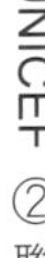

「格列佛隧道」。

從這裡進去吧！

快跟我過來啊！

你只要穿過那個隧道，就能住在這個家裡了。

這個照相機所拍下的東西，全都會變成相同的模型……

只要拍下很多房子，你就可以依照自己的喜好，來創造城鎮了。
我們來創造吧！

※喀嚓

先來拍下模型。
カシャ
桑原書店

是書店耶！

A ②聯合國教科文組織（全名是聯合國教育、科學及文化組織）。UNICEF聯合國兒童基金的任務是協助開發中國家的兒童。

※喀嚓

※喀嚓、喀嚓

※喀嚓

Q 下列何者沒有使用通用設計？ ①感應式水龍頭 ②低底盤公車 ③日式馬桶

③日式馬桶。考量到方便更多人使用的設計，稱為通用設計。

※燦笑

Q 日本首都東京都的人口在二〇二一年大約有多少？①六百萬人 ②九百萬人 ③一千四百萬人

Ⓐ③一千四百萬人。①是千葉縣的人口，②是神奈川縣和大阪府的人口。日本人口主要集中在首都圈和各縣市的主要城市。

我每天都要在這裡看漫畫。
大家都很開心，這裡真的可以說是大雄的世界。

※喀咚
哇啊！怎麼了？

※踩

院子裡怎麼放了這麼多玩具……
真是礙事！

請你幫我釘一個置物櫃放在這裡吧！

哆啦A夢，快點拿出製作空地的機器啊。

只有土地是沒辦法製作的。

11 永續城市與社區

打造能夠安居樂業的城市

全球超過一半的人口住在都市裡

現在，全球有一半以上的人口都生活在都市裡。今後住在都市的人也將會越來越多。因為都市裡有許多住宅、商業設施、公共設施、公司，十分便利。此外，學校、大眾運輸、銀行等生活不可或缺的各種基本設施也一應俱全。

都市的問題？

住在都市儘管方便，但也因為人口集中，所以產生許多問題，包括住宅不足導致居住成本提高、車輛排放廢氣汙染空氣、垃圾處理不完等；再加上一旦天災發生，大量民眾與建築物聚集的地方，災害也就更大。

再者，世界多數的大都市都存在著貧窮居民聚集一起生活的「貧民窟」，通常不僅衛生狀態惡劣，也是犯罪的溫床。

位於印度孟買的貧民窟。遠處聳立著高樓大廈。

●全球有一半以上的人口住在都市裡

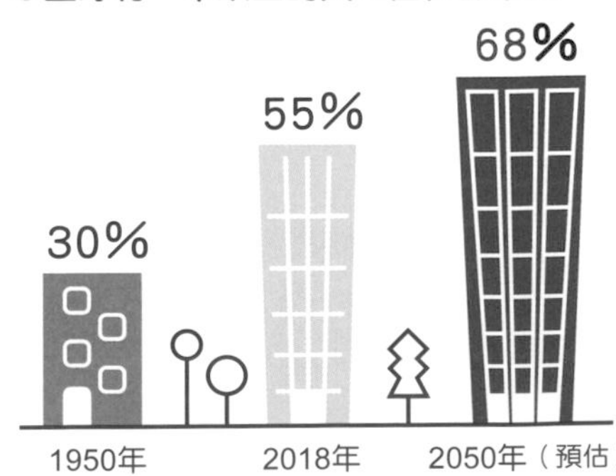

資料來源：聯合國經濟和社會事務部「世界都市化展望：2018 年修訂版（World Urbanization Prospects The 2018 Revision）」

●全球的空氣汙染

全世界每十人中就有九人吸入對健康有害的髒空氣。

資料來源：世界衛生組織（2018 年）

哪個國家空氣汙染最嚴重？

導致空氣汙染的主要物質之一「PM2.5」是懸浮在空氣中的微小粒子，從工廠和汽車等排出，會引發氣喘、支氣管炎等健康問題。

根據PM2.5的濃度判斷全球空氣汙染最明顯的國家，分別是印度、孟加拉，以及巴基斯坦等西亞各國。

●PM2.5造成的空氣汙染（2020年）

150.4　55.4　35.4　12.0　10.0（μg/m³）

不健康　對敏感的人來說不健康　適度　良好　WHO推薦

資料來源：瑞士 IQAir 空氣品質技術公司

※ 地圖上沒有顏色的國家表示無資料。

※μg（微克）是重量單位，1 微克等於 1 毫克（mg）的一千分之一，是以 1 立方公尺的大氣重量換算。

天災為什麼越來越多？

天災是指地震、海嘯、颱風（颶風）、洪水、土石流、乾旱等。天災會奪走許多人的性命，不僅是一瞬間就摧毀眾人原本的生活，而且會持續影響很長一段時間。嚴重到民眾甚至必須從現在的住處撤離的天災，發生的頻率有越來越高的趨勢。

天災之中的颱風（颶風）、豪雨、乾旱等發生的原因之一，就是全球規模的地球暖化所導致的氣候變遷。

日本也在二〇一九年遭遇「中度颱風法西」、

●全球天災發生件數的變遷

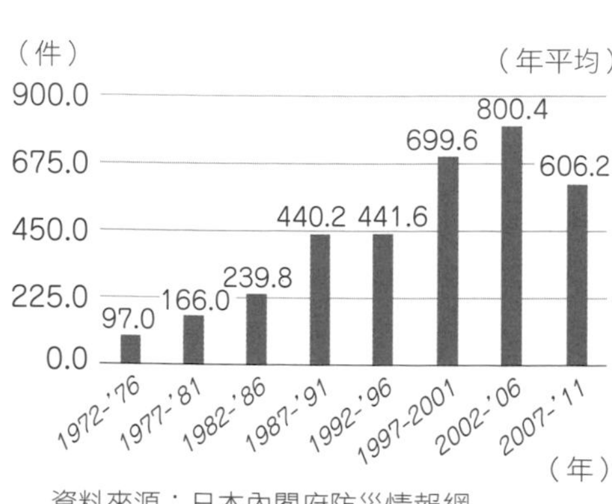

資料來源：日本內閣府防災情報網

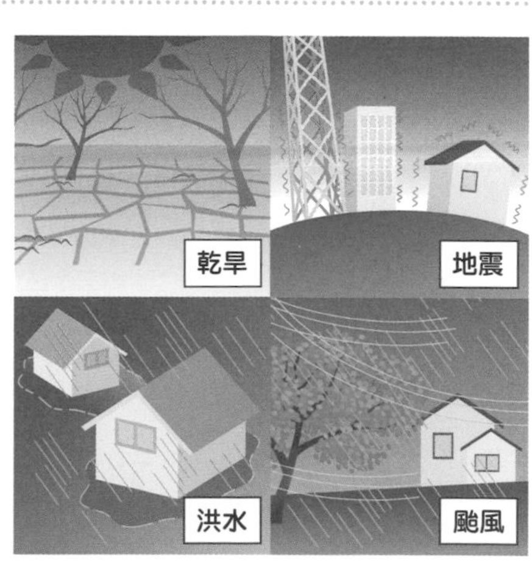

6 城市改造

「強烈颱風哈吉貝」、二〇二〇年在九州地區有「七月水災」等的侵襲。對人類生活造成重大破壞的天災越來越多。

國際仁人家園組織的行動

一九七六年成立於美國喬治亞州的國際非政府組織「仁人家園」，成立的目標是為了實現「世上人人得以安居」。

該組織從美國境內開始，替貧窮國家和受災地區的民眾建造或修築可安心安全生活的住宅，另外也協助世界各地七十多個國家設置廁所等衛生設備。

在緬甸參與住宅建設的學生志工。

日本的國際仁人家園組織除了處理日本國內的住居問題外，還派遣以大學生為主的志工前往亞洲各國，協助進行住宅建設工作。十六年來有將近一萬四千五百人參與支援組織在各國的建設。

墨爾本的行動

墨爾本是澳洲的一個城市。當地擬定都市更新計畫並以此為藍圖，計畫將墨爾本打造成生活便利的都市。

目前的墨爾本都市計畫「墨爾本二〇一七至二〇五〇願景計畫（Plan Melbourne 2017-2050）」目標是打造「二十分鐘生活圈」。意思是建造一個無論以徒步、騎自行車，或搭乘大眾交通工具前往學校、商業設施、醫院等日常生活經常前往的地方，頂多二十分鐘即可抵達的都市。

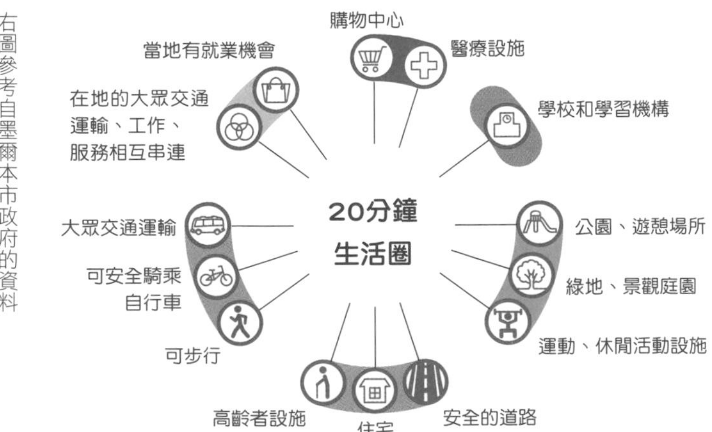

右圖參考自墨爾本市政府的資料

宮城縣東松島市的行動

日本宮城縣東松島市，從三一一大地震的破壞中重建，打造一個全新的城市。

新城市利用森林及太陽能等可再生資源，期許成為可持續成長、安心安全的城市。

●東松島智慧防災環保城

公共住宅附近的醫院、公共設施等串連成一個網路，加上太陽能發電提供電力。

三菱電機集團的行動

三菱電機集團著手打造一個「即使遭到破壞也能夠迅速復原（恢復力強）」的城市。

三菱電機集團開發的系統，不僅能夠防災，也能夠在天災發生時盡可能減少損害，降低災害程度。這套系統包括「海嘯監測系統」、「鐵路地震預警系統」、「直升機衛星通訊系統」等。

●重建之森

利用馬匹等整理民眾移居地附近的森林和農園，舉辦有益於當地居民健康與教育的活動。

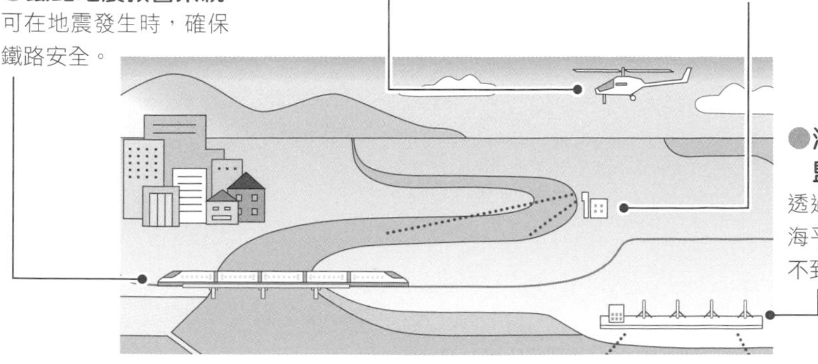

一起想一想！

我們能做的事

日常生活中的無障礙及通用設計

標示牌
為了方便外國人等不懂日文的人看懂，因此使用象形符號（pictogram）。

有聲號誌
綠燈時會有鳥叫等聲音，提醒視障者已經變成綠燈。

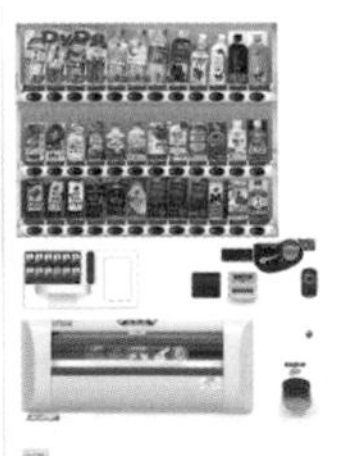

無障礙自動販賣機
選擇商品的按鈕、投幣口、找零口都設置在較低的位置，更方便兒童與坐輪椅的人使用。

影像提供：大德飲料公司

低底盤公車
公車底盤與人行道的高低落差小，方便年長者、小孩上下車。

無障礙坡道
沒有高低差，輪椅和嬰兒車等都能夠順利前進。

尋找無障礙設計與通用設計

請試試看在你居住的城市裡，找出各種採用無障礙設計、通用設計的物品吧。

接著請你試著思考看看，這些物品對於打造生活便利的城市，提供了哪些幫助？

無障礙設計

主要是用來消除阻礙（障礙），讓高齡者、行動不便者也都能夠舒適生活的設計。

通用設計

意思是無論有沒有身心障礙，也不管是什麼年齡、性別，所有人用起來都很方便的產品、設施等。

打造生活便利的城市，有什麼是我們能做的？

●主動開口幫忙

遇到有困擾或迷路的人，主動上前詢問。

●互相禮讓

使用大家都需要用的設備或物品時，秉持互相禮讓的精神。

認識日本的世界遺產

目標11的具體對策之一，就是「更加努力維護世界文化遺產與自然遺產」。

幾百年前的人們所建造的驚人建築、對我們來說無可取代的大自然，都是人類最珍貴的寶物。

為了讓全世界人類共同守護這些寶物並留給後世，聯合國教科文組織將這些註冊成為「世界文化遺產」、「世界自然遺產」。

日本在二〇二一年七月時，已有二十項文化遺產和五項自然遺產列入名冊。

各位前往觀光時，在了解維護這些遺產需要耗費多少努力的同時，也別忘了垃圾不落地，替保護遺產盡一分心力。

●世界遺產的誕生

1970年，埃及政府準備興建一座亞斯文水壩，預估將會淹沒尼羅河流域的古努比亞遺跡。聯合國教科文組織發起拯救遺跡的活動，於是在1972年通過了《保護世界文化和自然遺產公約》，世界遺產於焉誕生。

想要列入世界遺產名錄，必須符合相關規定，但列入名錄的遺產會受到持有國的保護，替「把遺產留給後世」開了一條路。

西表山貓

日本琉球列島中的西表島於2021年7月列入世界自然遺產名錄，這裡有不少珍貴的動植物棲息。

照片提供：日本環境省西表野生動物保護中心

※譯注：台灣不是聯合國的會員國，因此境內沒有世界文化遺產、世界自然遺產，但各位可以調查一下台灣哪些是有潛力能列入世界遺產名錄的。

挑戰看看！日本國中入學考題

題目

地球也稱為水之行星，地球上的水循環打造出各式各樣的環境。水循環是由河川、海洋、陸地的水蒸發形成雲、變成雨開始。湧出的水從高處流往低處，匯流成河。

河川的狀態也會隨著天候和季節而改變。颱風降下的大雨，或是梅雨季節等的持續降雨，有可能會引發洪水氾濫、沖毀河岸、淹沒城市。

A～D是針對底線部分的說明。請問下列何者有誤？

A　為了防災，在河岸和河底鋪設混凝土，將會導致原本棲息在該處的生物難以生存。

B　洪災發生時，標示危險場所或洪災避難場所的地圖，稱為簡易疏散避難地圖。

C　在河道彎曲位置的內側河岸鋪設混凝土，可防止災害發生。

D　水庫不僅可以防止大量水資源瞬間流失，也可用來發電。

（引用自大阪星光學院中學部 2021 學年度自然科入學測驗考題）

講解

近年來，颱風、梅雨季節的豪雨經常伴隨著洪水等天災發生，在各地造成嚴重的災情，「線狀對流系統」更是成為經常聽到的氣象專業術語。這個術語的意思是指「接二連三產生的對流旺盛雷雨胞，成線狀排列延伸，在幾個小時內依序通過或停留在幾乎相同的地點所造成的強降雨地帶」。因為這種局部性豪雨而暴漲的河水，流過河道彎曲處時，破壞的不是河道內側，而是外側的河岸，因此使用混凝土等補強時，應該鋪設在河道彎曲處的外側。

相關的SDGs目標

【正確答案】

C

恐怖喔～！
「百鬼線香」跟「說明繪卷」

Q 何者是減少塑膠垃圾的行動？①營養午餐吃光光 ②衣服回收再利用 ③便利商店不提供免費塑膠袋

什麼？這些全都要當作大型垃圾丟掉嗎!?
拿去修不就都還能用嗎？
是啊。

我家只要家電出一點小問題或是出了新產品，
就會直接換新的。

真是浪費!!
就算你家再有錢……

如果你們想要，可以撿回家啊。

把我們當笨蛋!!
根本是在浪費資源!!

像是石油、木材還有鐵……要是隨便浪費，地球資源最後會用光的。

A③。燃燒塑膠垃圾產生的二氧化碳等會破壞環境，因此日本於二〇二〇年起規定不再免費提供塑膠袋※。

※沙沙

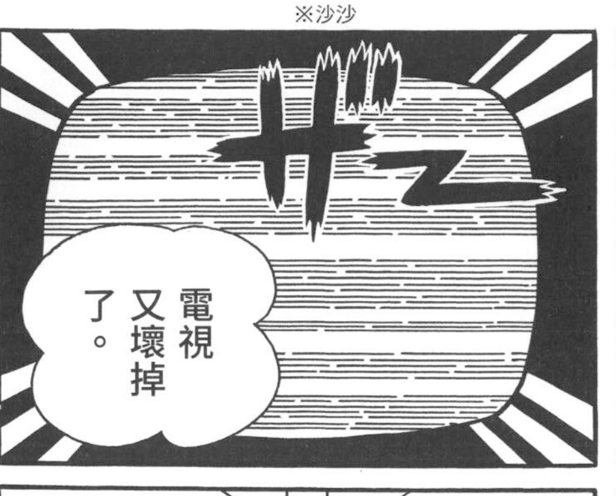

※乓、乓

※ 台灣是 2002 年起分階段實施。

Q 何者是解決塑膠問題的有效方法？①使用紙吸管 ②營養午餐吃光光 ③節省淋浴用水

小氣!!
你說誰小氣!!

※咚、咚

※乓

一點的話是好啦。

「百鬼線香」和「說明繪卷」。

「說明繪卷」？
就是附插圖的說明書啦。

有好多種妖怪……
炊鍋跟畚箕，不都是古時候的生活用品嗎?!

以前的人認為只要東西用到夠久，就會擁有靈魂喔。

然後到了大半夜，他們就會排隊在外遊蕩。這就叫做「百鬼夜行」。

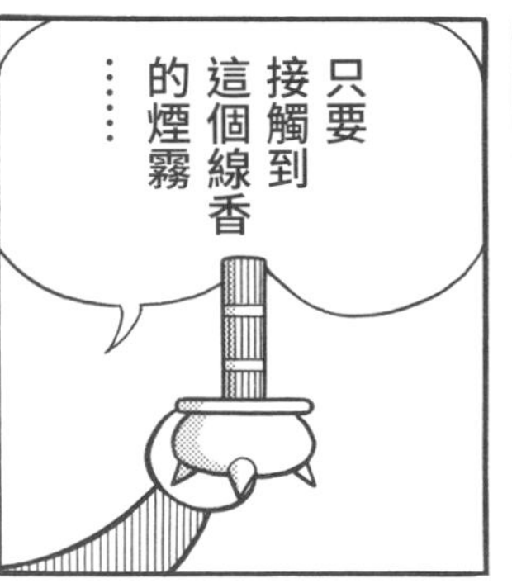

只要接觸到這個線香的煙霧……

還沒怎麼用過就被丟棄的生活用品，到了晚上就會出現在丟棄它的人身邊喔。

真有趣。
來用吧。

Ⓐ①使用紙吸管。星巴克等知名企業陸續不再提供會造成環境汙染的塑膠吸管。

Q 日本規定寶特瓶等的分類回收相關法規是哪個？①容器包裝回收法 ②家電回收法 ③食品回收法

再來看，還是覺得很浪費。

多噴些煙霧上去吧。

カチ

※喀喳

呼喵～喵喔——

咦？三毛跟夏咪在吵架？
那兩隻貓就是處不好，傷腦筋。

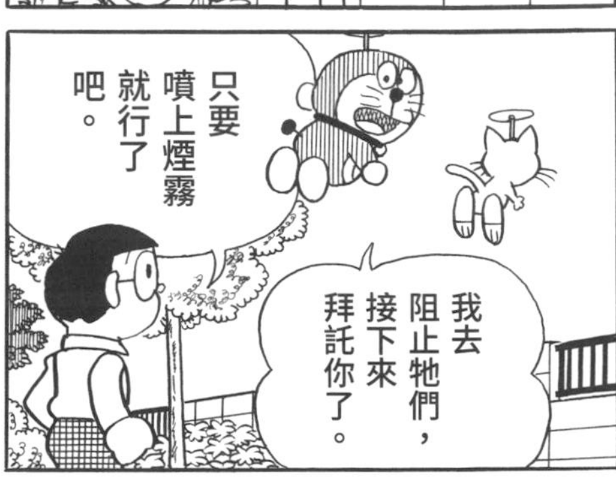

我去阻止牠們，接下來拜託你了。
只要噴上煙霧就行了吧。

變成恐怖到不行的妖怪吧。

我已經好好勸過他們了。他們應該不會再吵架了吧。

我這邊也OK了。
那好，晚上就好玩了。

Ⓐ①容器包裝回收法。規定對象包括瓶罐、牛奶紙盒等這類盛裝或包裝商品的容器。

接著就只需要等到凌晨兩點了！

兩點!?難道不能早點嗎？
電腦就是這麼設定的啦。

太陽快下山了。
我肚子餓了……

已經八點了!!晚餐該怎麼辦啊？
真是沒責任感的父母!!

終於到凌晨兩點了!!

快起來！到妖怪出現的時間了！

現在小夫家裡，
肯定已經一團混亂了吧。

喵喔～喵喔——

製造&使用的責任 Q&A

Q 哪個是二〇一七年宣布中國停止進口塑膠、紙類等廢棄物的組織簡稱？①WHO ②WTO ③ILO

A ② WTO（世界貿易組織）。中國原本因原料匱乏，所以進口各國的廢棄物，後來因為環境汙染等原因，宣布停止進口。

等等！不是這個方向啦。

※砰磅

根本就不聽我說的話……

你在這個地方做什麼啊？

妖怪往我們家去了!?該不會……

線香呢!?
我覺得很浪費就把線香帶回家了……

對了！隨手放在屋頂上。
什麼～?!

妖怪可是會出現在插著線香的家裡耶。

等等！你們不該出現在這裡啊。
ズゥ

※吸

不行啊！到天亮前不會停下來。
ズデン

※滑倒

※叩咚、叩咚

他們擅自開始工作起來了。
怎麼辦？
ゴト
ゴト

等等喔……從另外一個角度想……

這樣很方便啊。這下真的變全自動的了。
對喔!!

我遇到一位好久不見的老朋友，去他家打擾後就聊到忘記時間了……

我也是跟幾個朋友打起麻將後就離不開了。
大雄他應該已經餓到在生氣了吧。

？

夠了啦，吃得好撐。
甜點也拜託你們了。

12 負責任的消費與生產

環保的生產方式與消費生活

地球資源耗盡的日子即將到來？

我們大量使用地球上的各種資源生產許多產品，過著消費生活。然而人類使用的資源量高過地球製造的資源量，因此總有一天資源將會耗盡。如圖所示，假如全世界人類都過著與日本人同樣的生活，我們就需要二點九個地球的資源量。

●全人類過著與日本人相同生活時所需的資源量

資料來源：國際足跡和生物承載力報告 2021（National Footprint and Biocapacity Accounts 2021）

持續增加的電子垃圾

我們多數人使用的電玩主機、智慧型手機、電腦，都是生活中不可或缺的物品，也廣為世界各地的人類所使用。但是，這些電子廢棄物（電子垃圾）在最近幾年，尤其在亞洲地區急速增加。原因之一是許多人「想要最新款式」，因此儘管原有的設備仍然堪用，還是會淘汰掉再買新的。

●全球電子廢棄物的製造量與回收率（2019年）

南北美洲
1310萬公噸
（回收率9.4%）

歐洲
1200萬公噸
（回收率42.5%）

亞洲
2490萬公噸
（回收率11.7%）

大洋洲
70萬公噸
（回收率8.8%）

非洲
290萬公噸
（回收率0.9%）

電子廢棄物內含有銀、銅、鉑等貴金屬資源，因此回收也受到關注。

資料來源：聯合國《2020年全球電子廢棄物監測報告》（The Global E-waste Monitor 2020）

什麼是自然資源？

自然資源也稱為天然資源，就是存在於大自然的物質，以及產生物質的環境作用。

大致上可分為土壤、水、礦物等非生物資源，以及森林、鳥獸、魚類等生物資源。

當中與人類生產關係最密切的，就是我們當成能源的石油、煤炭等礦物資源。但是石油與天然氣據說再過五十年就會耗竭。

●全球能源蘊藏量及可開採年限

	石油	天然氣	煤炭	鈾
可開採年限	50年	50年	132年	115年
蘊藏量	1兆7339億桶	199兆立方公尺	1兆696億公噸	615萬公噸
時間	（2019年底）	（2019年底）	（2019年底）	（2019年1月）

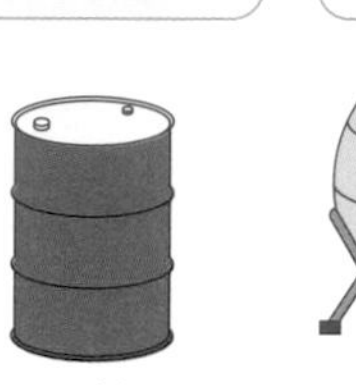

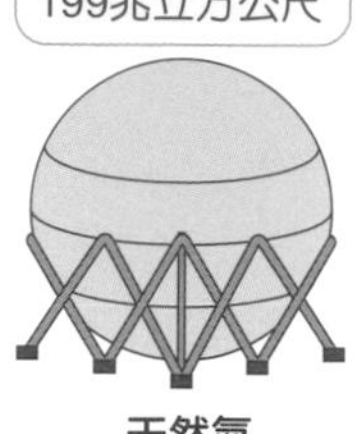

資料來源：日本電力事業聯合會

被扔掉的食品持續增加

全球每年大致會丟棄所有食物生產量的三分之一，也就是大約十三億公噸的糧食。

被扔掉的食品（糧食耗損）增加的背景因素，除了消費者吃剩丟掉之外，還有生產者為了避免「賣完」、「供不應求」等情況發生，因此製造了超過需求的數量，造成的結果就是賣不完丟掉。

另一方面，開發中國家也有丟掉糧食的問題。他們因為缺乏保存和運送技術，導致農作物和加工食品往往在送到消費者手上之前就已經腐壞，因此只能扔掉。

糧食耗損導致地球暖化

做好的食品一旦落得必須報廢的下場，也等於是白白浪費了生產時使用的水、飼料，以及運送這些食材的能源等。

此外，為了焚燒扔掉的糧食而產生的溫室效應氣體，佔了二〇一九年全球排放溫室效應氣體的百分之八至十。以結果來看，糧食耗損也是導致地球暖化的原因之一。

推廣無塑產品

寶特瓶、吸管等塑膠製品，原料都來自於石油。

這些製品一旦燃燒，不僅會產生二氧化碳，還會產生對人體有害的物質。另一方面，細小的塑膠微粒造成的海洋汙染也演變成大問題，因此世界各國正在加速禁止拋棄式塑膠製品的生產與使用。

●環保的藏壽司扭蛋

迴轉壽司連鎖店「藏壽司」，目前正在推行將店內扭蛋機中的扭蛋殼，從原本的塑膠殼改成用澱粉和木漿製作的紙殼，即使焚燒也不會產生有害物質，而且可以回收。

推廣吃不完的營養午餐

學校營養午餐的剩食（吃剩的食物和菜渣廚餘等）回收運動，正在日本全國各地的中小學如火如荼進行。

首先是要求學生不能挑食、全部吃光，再來是只發給學生吃得完的分量，盡量減少吃不完的問題。

這樣做了之後如果仍然產生剩食的話，就送到工廠加工成堆肥，提供在地農夫利用。農夫種出來的蔬菜再供應給學校的營養午餐，這樣就是一個循環。有些學校甚至使用廚餘機，直接將孩子們吃剩的剩食做成肥料。

練馬の大地

20kg

東京都練馬區以區立中小學營養午餐的剩食當作原料，製作成「練馬的大地」肥料販售。

●廚餘變成肥料的循環再利用

在地的安心新鮮農產品

學校

剩食和菜渣廚餘等

工廠堆肥

農夫

資料來源：日本五十嵐商會公司

減少糧食浪費的行動

日本的購物網站「Kuradashi」利用網路串連生產者與消費者，合力減少糧食浪費。過去食品製造商因最佳品嚐期限（賞味期限）快到期等原因而報廢的商品、農家因外型不漂亮而淘汰的食材，全部透過網路，以便宜的價格賣給日本各地的消費者。

另外也將部分營收用於環境保護或動物保護等有社會貢獻的活動。

在網路上販售快到最佳品嚐期限的商品等。

汽車回收再利用的流程

汽車的構造除了玻璃、橡膠、塑膠之外，還有許多使用鐵、鋁、銅等各種金屬製作的零件。

淘汰報廢的汽車會拆解取出可以使用的部分，回收當原料，回收率大約百分之九十九，可說相當高。無法回收的部分則是送進焚化爐，並將焚燒時產生的熱轉換成能源使用。

●零件回收後的用途

零件	用途
鐵製零件（車身等）	鋼筋、鋼骨等、汽車零件等
鋁製零件（輪圈、引擎零件）	汽車零件等
輪胎	工廠的燃料
電池	電池
塑膠零件	燃料、塑膠零件等
車用玻璃	道路玻璃沙、玻璃棉（住宅隔熱材料）等

資料來源：日本產業環境管理協會

●汽車回收再利用的流程

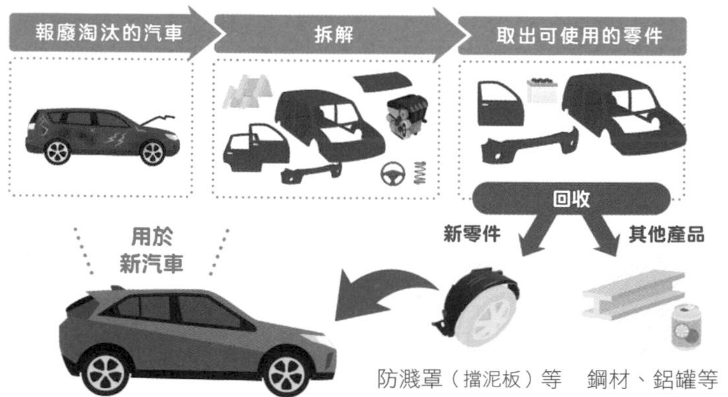

提供：三菱汽車官方網站「對人類與地球環境友善的汽車
汽車的回收再利用」

一起想一想！

我們能做的事

12 負責任的消費與生產

推廣3R運動

機關團體希望民眾珍惜有限的資源，過著環保的生活，因此開始推廣3R運動。3R是使垃圾減量、找到其他用途的三項原則。

3R來自Reduce（減少使用）、Reuse（重複使用）、Recycle（回收再利用）這三個英文字母的字首，也是推廣垃圾減量的順序。

舉例來說，「減少使用」是指選擇洗髮精補充包填充使用，避免製造瓶罐垃圾。「回收再利用」是指寶特瓶分類丟棄等。

你也可以試著在家裡擬定計畫，進行3R運動。

（減少使用）
Reduce

意思是盡量減少垃圾量。

（重複使用）
Reuse

不使用的物品不要丟棄，可以轉送給有需要的人。

（回收再利用）
Recycle

垃圾變資源，回收變成材料和產品。

資料來源：日本產業環境管理協會「小學生的環保回收學習網」

●暑假的3R計畫表（範例）

圈起來　　完成的打○，沒做到的打×

計畫日	目標物品	行動	達成的3R	完成
7月21日	牛奶紙盒	當成「資源垃圾」回收	減少使用 重複使用 回收再利用	
7月22日	購物不索取塑膠袋	自備購物袋	減少使用 重複使用 回收再利用	
7月23日	紙箱	當成「資源垃圾」回收	減少使用 重複使用 回收再利用	
7月24日	毛巾	當抹布	減少使用 重複使用 回收再利用	
7月25日	毛衣	送給親戚的小孩	減少使用 重複使用 回收再利用	
7月26日	漫畫書	跟爸爸一起拿去舊書店	減少使用 重複使用 回收再利用	
7月27日	果汁瓶罐	放入自動販賣機的回收箱	減少使用 重複使用 回收再利用	

先分類再丟棄

寶特瓶、鋁罐等容器的外觀上都印有「回收標誌」，這是為了方便區分哪些是可回收再利用、哪些是可重複使用。

丟垃圾時，請先看看這個標誌，再丟進指定的分類場所。

●日本的飲料容器識別標示範例

鐵罐

鋁罐

寶特瓶

瓶蓋：PP
標籤：PS
塑膠容器包裝

紙容器包裝

珍惜食物

珍惜我們每天吃的食物，也能夠減少製造垃圾。

首先是不要挑食，不論是在學校或是在家裡，都要盡量把飯菜全部吃光光。

另外，家家戶戶也應該避免過度採購，只購買需要的分量就好。買多少用多少，還要記住煮飯只煮吃得完的分量。

挑食
煮太多

珍惜衣服

我們每天穿的衣服也要盡量避免當作垃圾丟掉。

不穿或不能穿的衣服透過跳蚤市場等活動轉讓給需要的人，這樣做符合3R中的「重複使用」。

除了3R之外，Repair（修復）也是近年來很受到矚目的方式。舉例來說，褲子的膝蓋有了破洞時，可以縫上補丁修補，就稱為「修復」。經過修補之後，衣物就能夠繼續穿得長長久久。

●手肘、膝蓋燙布貼

修補破損衣物用的補丁布片。不需要針線，用熨斗燙過就能固定，也稱為熨斗貼。
影像提供：日本百元商店「FLET'S」

挑戰看看！日本國中入學考題

題目

讀完這篇文章後，請回答底下的問題。

（前面省略）你知道2020東京奧運、帕運送給選手的獎牌，製作原料是如何收集來的嗎？過去都是使用金、銀、銅等天然礦物作為主要原料，但這屆是第一次(1)只用回收素材當成製作獎牌的原料。根據《來自都市礦山！大家的獎牌計畫》的內容提到，總共製作超過5000個獎牌，大約需要準備32公斤的金、3500公斤的銀、2200公斤的銅。大會這樣做是遵循(2)2015年召開的聯合國高峰會中宣布的「SDGs」目標，期許在2030年之前世界能夠變得更美好。希望各位今後也持續關注這些與我們未來有關的各種行動。

問題1　底線(1)提到的回收素材，是從哪些資源回收物取得的呢？答案與都市礦山有關，而且不超過20個字。

問題2　看完底線(2)的內容，請回答下列問題：

①「SDGs」的中文是什麼？最後兩個字是「目標」。

②「SDGs」可分為17項目標，這裡的《來自都市礦山！大家的獎牌計畫》是對應其中哪一項目標所採取的行動呢？請由底下A～E中選出最適合的答案。

A　全人類共享綠能
B　奠定工業與技術革新的基礎
C　打造可永久居住的城市
D　生產者的責任與消費者的責任
E　因應氣候變遷的具體策略

（引用自早稻田實業學校中等部 2021 學年度自然科入學測驗考題）

講解

行動電話、家電產品、汽車等在城市郊區堆成「垃圾山」，看起來就像是一座座貴金屬等資源沉睡其中的寶山，因此稱為「都市礦山」。廢棄金屬中的稀有元素可回收，因此從「都市礦山」的角度來看的話，資源匱乏的日本反而成了世界數一數二的資源大國。日本國內在過去儘管有《家電回收法》，卻沒能夠落實。「大家的獎牌計畫」是推廣3R活動的一大步。在得獎選手胸前閃閃發光的獎牌，就是守護地球環境和人類未來的行動成果。

相關的SDGs目標

【正確答案】

問題1	（例如）廢棄家電中可使用的資源
問題2 ①	永續發展目標
②	D

地底的太陽能乾冰源

啊……把暖爐關掉會冷耶！
要睡到客廳睡。
每個房間都開暖爐太浪費了。
真小氣。
家裡的經濟不寬裕，要體諒媽媽。
不是那樣的。
地球上的石油剩下不多，
不珍惜使用的話，馬上就用光了。

能源・氣候變遷 Q&A

Q 蘊藏量有限的天然資源「化石燃料」是指下列何者？①木炭 ②煤炭 ③生質燃料

真的快沒有石油啦？
真的啊。

你們居然都不緊張!?
車子、飛機、船、全部都會動彈不得耶!!

沒有電，會變得漆黑又寒冷。
還不只這些呢！如果放著不管，整個社會就要天翻地覆了。

好恐怖喔……
為了避免類似情況發生，全世界的學者正在努力研究。

二十二世紀則是使用這個。
「太陽能乾冰源」。

好溫暖！
這是將太陽能轉化為像乾冰那樣的固狀物。

融化掉了。
因為碎片太小了。

去挖一塊新的吧。
挖？
去哪裡挖？

A ② 煤炭。石油、煤炭、天然氣這些化石燃料，是幾億年前的動植物演變而來的燃料。

我已經先將夏天的炙熱陽光，蓄積在地底下。

門要關好，否則會融化的。

礦脈布滿全鎮的地底下。

因為遇冷會融化，

所以需要時再取出使用。
用布包起來就像懷爐。

掛在天花板上，就成為電燈。

放入紙筒，就變成手電筒。
好刺眼。

Q 當作核能發電燃料的天然資源是何者？①鈾 ②甲烷 ③臭氧

丟到茶壺裡……

水馬上就開了。

用法多到數不完，好神奇的能源喔！

開公司來販賣吧！然後輸出到世界各地大賺一筆……

你馬上就動歪腦筋了!!

能取得便宜又方便的能源，大家一定會很開心的，這樣不對嗎？

你愛吃銅鑼燒吧？
不要突然問我怪問題!!

我愛吃，但是最近手頭很緊。
用「太陽能乾冰源」大賺一筆，讓你吃個夠。

就、就聽你的。
真是個頭腦單純的傢伙。

我去賣。

A
① 鈾。核能發電利用的是核分裂時產生的熱能製造蒸氣，靠蒸氣的力量發電。

我是「太陽能乾冰源」的銷售員。

既溫暖又明亮，
一百公克只要一百圓！

我覺得很棒，但是沒有錢。

好冷喔，這種天氣別練習了。

這可以當溫暖的懷爐使用。
這個好，給我。

要一百圓？
好貴，我不要
!!

居然連朋友的錢都想賺！

哈啾！
根本行不通。

用這種方法賺錢，果然還是不太好……

你不想吃銅鑼燒了嗎!?

不，就算為了銅鑼燒……但是賣不出去，而且外面又冷……

對了，讓你當社長吧。

三、兩下就能蓋棟大樓。
銅鑼燒公司

對了！在社長室隔壁，開一間銅鑼燒食堂吧。
銅鑼燒食堂!?

讓你能隨時盡情的享用銅鑼燒。
銅鑼燒生魚片
銅鑼燒蓋飯
銅鑼燒排
銅鑼燒堡
銅鑼燒咖哩

我會想辦法拚命賣的！

能源・氣候變遷 Q&A

Q 在美國和巴西，汽車使用的「生質酒精」燃料，其原料是什麼？①廚餘 ②家畜糞便 ③玉蜀黍

要怎樣才能賣得出去？

對了！今天先免費贈送樣品。

只要大家了解它的便利性，就不得不買了。

石油也是這樣。以前的人沒有石油，還不是過得好好的。

還是算了。
別練了啦。

到處撒下「太陽能乾冰源」……

啊!?
好像變得暖和了。

開始練習吧。

明天開始，一百公克一百圓。

Ⓐ③玉蜀黍。或使用甘蔗。使用廚餘和家畜糞便製造的氣體，稱為「生質氣體」。

※噗通

Q 美國退出三個月又加入的氣候變遷相關國際公約是哪個？①京都議定書 ②COP21 ③巴黎協定

Ⓐ③巴黎協定。協定中決議減少溫室效應氣體的排放量，目標是將全球平均氣溫升幅控制在比工業革命前高出攝氏2度以內。

大家都搶著要試用品呢！

這麼受歡迎啊!?

離銅鑼燒不遠了!!

我不是說過要關好的嗎？會融化的。

免費試用活動結束了。

Q 奠定地球暖化預測基礎的諾貝爾物理學家是哪位？ ①湯川秀樹 ②山中伸彌 ③真鍋淑郎

A ③ 真鍋淑郎。他利用電腦構思出大氣的溫室效應模型，並於二〇二一年獲得諾貝爾物理學獎。

7 可負擔的潔淨能源

將綠能推廣到全世界

有些地區無電可用

全球約有一成人口生活在「沒有電力設施」、「無電可用」的地區。

這些無電可用的地區幾乎都是開發中國家的農村，將近有七億七千萬人無電可用，而當中的百分之七十五人口是住在非洲撒哈拉沙漠以南的區域（二〇一九年）。

電力不普及，因此農作物和漁獲也無法加工、保存，工業無法發展，找不到擺脫貧窮的出路。想要解決這點，就必須人人有電用。

無電可用的生活是什麼樣子？

我們平常用電用得理所當然，但是無電可用的生活是什麼模樣？請各位想像一下。

●假如沒有電……

- 沒有冰箱，無法保存食物。
- 無法使用洗衣機，只能手洗。
- 不能看電視、聽音樂。
- 沒有冷氣可吹，有中暑的危險。
- 夜晚路上伸手不見五指，很危險。

諸如此類的困難

●各國家／地區無電可用的人數

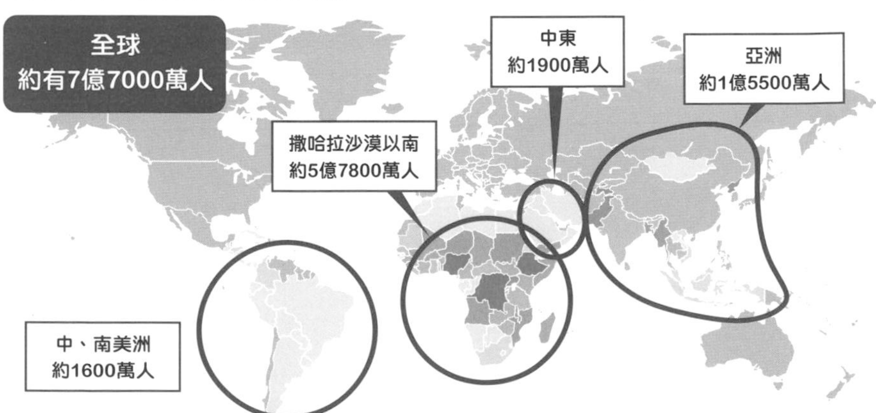

資料來源：國際能源署（International Energy Agency，縮寫成 IEA）

※ 綠能：Green Energy，又稱潔淨能源。

放眼未來的可再生能源！

人口增加與工業發展使得全球能源消耗量一年比一年增加。現在我們主要使用的能源是石油、煤炭、天然氣等化石燃料，這些佔了一大半，但這些燃料的蘊藏量有限。再者，使用化石燃料發電會排出大量的二氧化碳，加速地球暖化問題。

因此，由太陽、風力等自然現象取得的可再生能源，受到矚目。可再生能源能夠持續使用，無須擔心資源耗盡，而且不會排出二氧化碳。

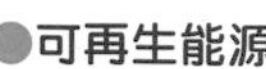

●可再生能源

地熱發電

風力發電

水力發電

太陽能發電

生質燃料發電

大和房屋工業的行動

大和房屋工業在大阪府堺市發展的「晴美台智慧環保城」，所有住宅、活動中心、遊憩廣場等均使用太陽能發電系統。

家家戶戶和活動中心都設有蓄電池，在災害發生時也能提供電力。

另外還導入「SMA×ECO智慧環保雲端」，讓生活在這裡的居民能夠隨時查看整個城鎮產出的能源。

晴美台智慧環保城

照片提供：大和房屋工業公司

WASSHA的行動

WASSHA公司正在開發一項利用可再生能源，讓坦尚尼亞的無電地區有電可用的業務。

二〇一五年，他們與坦尚尼亞無電區的商店（攤販）合作，開始出租太陽能LED露營燈的服務。低收入者也能夠透過這種方式使用LED露營燈。

另外還採用當地的電子錢包獎勵服務，只需要支付使用費，即使生活在遠離都市的地方，也能夠以便宜的價格用電。

創造友善地球的環境

地球正因為人類的影響而暖化

WMO世界氣象組織與UNEP聯合國環境規劃署於一九八八年設立了IPCC政府間氣候變化專門委員會，目的是整理、分析與氣候變遷有關的研究和對策。

IPCC的報告指出「全球平均氣溫比起一八五〇年至一九〇〇年間的水準，上升了約攝氏一點一度。到二〇四〇年之前將上升攝氏一點五度」。

※譯注：WMO全名為World Meteorological Organization。而UNEP的全名為United Nations Environment Programme。IPCC全名為Intergovernmental Panel on Climate Change。

●全球平均氣溫的變化

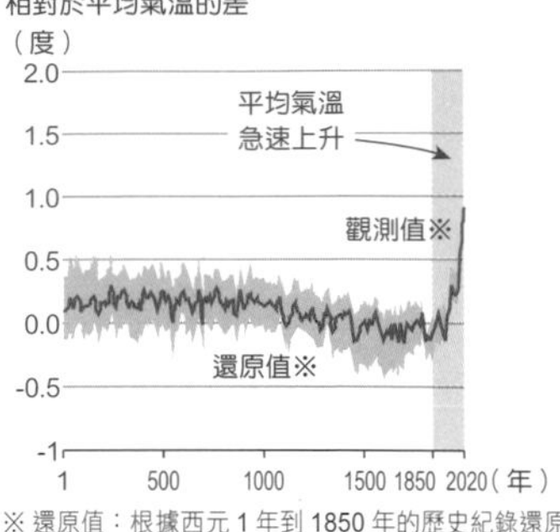

※ 還原值：根據西元 1 年到 1850 年的歷史紀錄還原數值
※ 觀測值：根據西元 1850 年到 2020 年的觀測數值
資料來源：IPCC 第 6 次評價報告書

氣溫上升會發生什麼事？

近年來，世界各地的颱風、颶風

●全球主要的極端天氣與氣象災害（2020年）

高溫
多雨
少雨
災害發生

6～8月 豪雨（中國）

7月 豪雨（日本）

6～10月 豪雨（印度）

8～9月 森林大火（美國）

資料來源：日本氣象廳

變得更強更大，也屢屢出現異常劇烈的豪雨、異常高溫（熱浪）等。

這類現象稱為極端氣候，成因也是與地球暖化造成的氣候變遷有關。

地球暖化為什麼會發生？

地球的溫暖來自太陽光，但二氧化碳等「溫室效應氣體」會抓住地球朝太空排出的熱，讓地表保持適合我們這些生物存活的溫度。

問題是，這些溫室效應氣體一旦增加過多，將會導致地球的熱無法排放到太空中散熱，地表溫度也會越來越高。

約兩百年前的地球
排放到太空裡
紅外線（熱）
吸收熱
太陽光
溫室效應氣體

現在的地球（地球暖化）
排放到太空裡
紅外線（熱）
吸收更多熱
太陽光
溫室效應氣體

溫室效應氣體過多的原因之一就是二氧化碳增加。

二氧化碳為什麼會增加？

二氧化碳主要是燃燒石油、煤炭等所產生。舉例來說，我們每天使用的電，也多半是燃燒石油等化石燃料產生，因此電使用越多，產生的二氧化碳也會跟著增加。

另外，吸收二氧化碳、製造氧氣的森林逐漸減少，也是原因之一。人類為了獲得便利的生活，過度砍伐了太多的樹木。

樹木全被砍光的森林，以及工廠排放的煙霧。

FANCL 的行動

經營化妝品與健康食品事業的FANCL公司響應減緩氣候變遷的行動，減少二氧化碳的排放量。

該企業在工廠屋頂設置太陽能板，轉換成電力供工廠使用。另外，FANCL也是日本第一個發起「指定放置處送貨服務」的企業。運送貨品需要用到車輛，少了二次投遞，就可以減少製造不必要的二氧化碳。

設置太陽能板的工廠屋頂。

「指定放置處送貨服務」的現場。

※二氧化碳排放量增加會造成地球暖化與氣候變遷，真鍋淑郎建立出與此相關的模型與理論，因此獲得二〇二一年的諾貝爾物理學獎。

一起想一想！

我們能做的事

避免浪費電

依賴燃燒燃料來發電的方式會排出二氧化碳。因此用電與地球暖化息息相關。

最重要的是每個人都應注意不要浪費電。怎麼做才能夠省電呢？我們一邊看看自己生活中的電器產品，一邊想想看。

比方說，電器產品只要插頭仍插在插座上，就會有電流持續通過。因此如果長時間不使用時，就提醒自己把插頭拔掉吧。

●一般家庭能做到的省電方式

使用有考量到環境保護的產品

選擇環保的產品，不但能夠節約能源，還能保護環境。這類產品上通常都會標示有強調對人類和地球友善的環保標章。

環保標章品
經過認證，有助於守護環境的商品可標示。

綠色標章
使用超過規定比例的廢紙製造的商品可標示。

FSC®森林驗證標章
為了保護森林資源，使用經嚴格管理的木材和回收資源製造的商品可標示。

減少製造垃圾

避免製造垃圾、減少垃圾量是很重要的事。因為焚化垃圾會使用到有限的能源，而且焚燒垃圾也會產生二氧化碳。

首先可以做的就是別購買非必要的東西。接下來請想想該怎麼做才能避免產生垃圾。

「適應」氣候變遷

低碳、節能這類減少二氧化碳等溫室效應氣體產生的行動，稱為「減緩」。另一方面，在進行「減緩」策略的同時，我們要盡量努力避免或減少氣候變遷造成的影響和損害。這個稱為「調適」。

●氣候變遷的對策

挑戰看看！日本國中入學考題

題目

（前半省略）1980年代到90年代，氟氯碳化合物導致的〔B〕引發問題。除了有越來越多人罹患皮膚癌之外，也對生態系統造成莫大的影響，現在全世界已經明文禁用氟氯碳化合物。此議定書是承接〔A〕問題時訂定的大方向而制訂。

同一時期被提出來討論的〔C〕，如今已是我們不得不面對的環境問題。原因是二氧化碳等溫室效應氣體的增加等，科學家預測這將導致海平面上升，以及更多地方沙漠化等。1992年起接連不斷為此舉行國際會議，其中於1997年召開的京都會議上，具體明訂了減少溫室效應氣體的相關規定，世界各國正在採取行動阻止〔C〕持續惡化。

問題1 請由底下①～⑥的環境問題中，選出一個正確的排列組合填入〔A〕～〔C〕。

① A 酸雨	B 地球暖化	C 臭氧層破壞
② A 酸雨	B 臭氧層破壞	C 地球暖化
③ A 臭氧層破壞	B 酸雨	C 地球暖化
④ A 臭氧層破壞	B 地球暖化	C 酸雨
⑤ A 地球暖化	B 臭氧層破壞	C 酸雨
⑥ A 地球暖化	B 酸雨	C 臭氧層破壞

（引用自巢鴨中學 2020 學年度入學測驗考題）

講解

距今約50年前，聯合國人類環境會議上喊出「我們只有一個地球」，這是世界各國首次針對環境問題進行會談。後來，有報告指出工廠排放的黑煙和汽車排放的廢氣含有亞硫酸等，導致「酸雨」產生。空調和冰箱使用的氟氯碳化合物會破壞臭氧層，導致對人類有害的紫外線缺少臭氧層吸收。這些問題因此受到了矚目。

世界各國通力合作，禁止氟氯碳化合物的使用後，終於有報告顯示部分臭氧層已經復原。最近幾年主要著重於採取行動，阻止二氧化碳等溫室效應氣體導致「地球暖化」。有些國家已經設定目標，逐步禁售會產生二氧化碳的汽柴油車，並發表「碳中和」政策，使碳排放量能夠被抵銷，達到「零排放」。

相關的SDGs目標

【正確答案】

②

無可取代的動物們

傳說中的恐鳥在幾百年前就絕種了，絕種的原因眾說紛云。

最大的恐鳥
高達四公尺

最有力的說法是死於人類的獵殺。

海洋・陸地 Q&A

Q 世界各地的塑膠垃圾流入的海域，稱為「什麼」垃圾帶？①大西洋 ②太平洋 ③印度洋

Ⓐ ②太平洋（垃圾帶）。懸浮塑膠受到海流等影響而聚集在這片海域，而且多數垃圾是來自陸地。

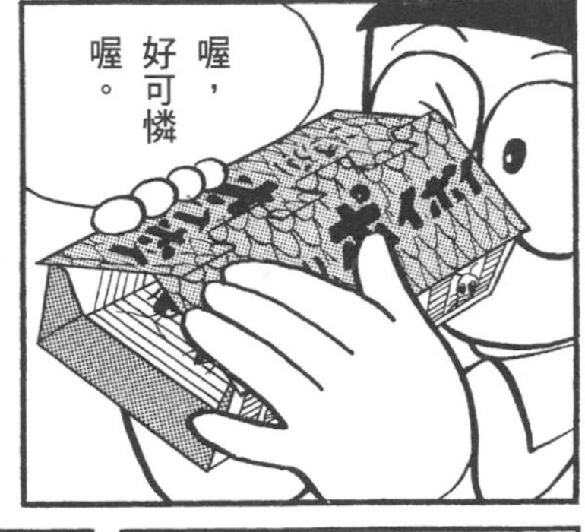

Q 何者是破壞河川與海洋環境的行為？①烤肉的殘渣扔進海或河裡 ②不過度捕撈 ③去海邊撿垃圾

哈哈，只不過是個點心嘛。

什麼？銅鑼燒！

算了啦～
我不甘心。

喂，
你想幹嘛？

「時光圈」跟「時光膠」。

這是拿回遺失物品的機器。

銅鑼燒是什麼時候被蟑螂爬過的？
不清楚，不過好像是中午買的。

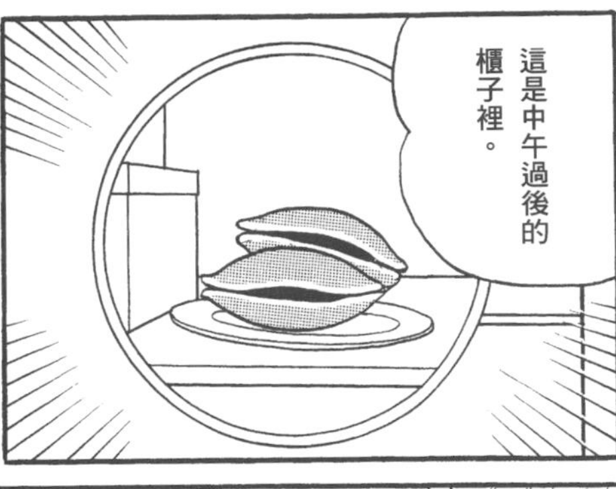

這是中午過後的櫃子裡。

馬上把時光膠伸進去！

真是好機器。

我有想拿回來的東西，借我用一下。

不要拿去惡作劇喔。
我知道。

想到就有氣，前天下午四點半……
剛做好的模型汽車被胖虎搶走了。

有了。

A ①把烤肉的殘渣扔進海裡或河裡。食物殘渣所含的氮、磷會使浮游植物大量繁殖，造成水質惡化。

海洋・陸地 Q&A

Q 漂浮在海裡、被魚吞下肚的微小顆粒稱為什麼？①海洋塑膠 ②微晶片 ③塑膠微粒

如果是因為我現在拿走，那時候錢才消失，
那我根本就沒賺到啊。
我好像白痴喔！

咦？或許可以利用這個賺錢喔。

以前名人使用過的東西就很值錢，

比如說豐臣秀吉穿過的鞋、拿破崙的吊帶……

還是趁大海盜奇德把寶藏埋起來前偷偷搶過來。

不借！

小氣！
這個道具是很有意義的，

例如說拿回毀於戰火的美術品或是貴重文獻等等。

A ③塑膠微粒。塑膠微粒無法自行分解，因此會累積在海洋生物的胃裡，甚至導致死亡。

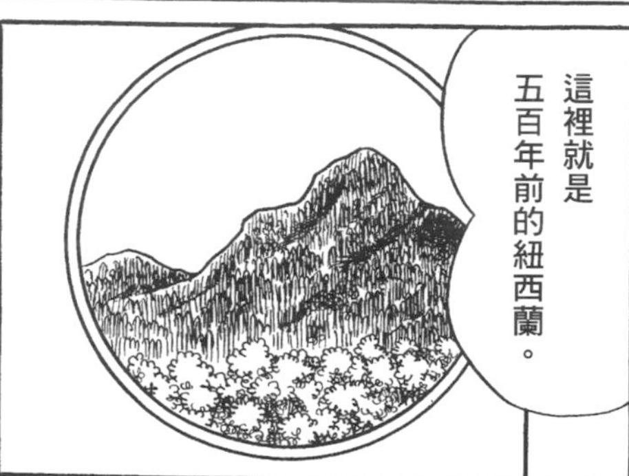

Q 森林進行光合作用，從大氣中吸收什麼？ ①氧 ②水 ③二氧化碳

Ⓐ③二氧化碳。樹木能夠吸收大量的二氧化碳，有助於改善地球暖化。

要耐心去找。

我知道。

為了拯救絕種的動物，加油！

加油！

唉……

怎麼把責任都推給我啊!?

那是什麼？

他們好像要抓動物喔。

難道是要抓恐鳥？

移動時光圈的畫面看看。

Q 大雨降下時，最有可能淹水的是哪裡？①山地 ②台地 ③平原

Ⓐ ③平原。因為水的特性是往低處流，所以多數平原都是河川氾濫、帶來的泥沙堆積而成。

※吞入 ※咬

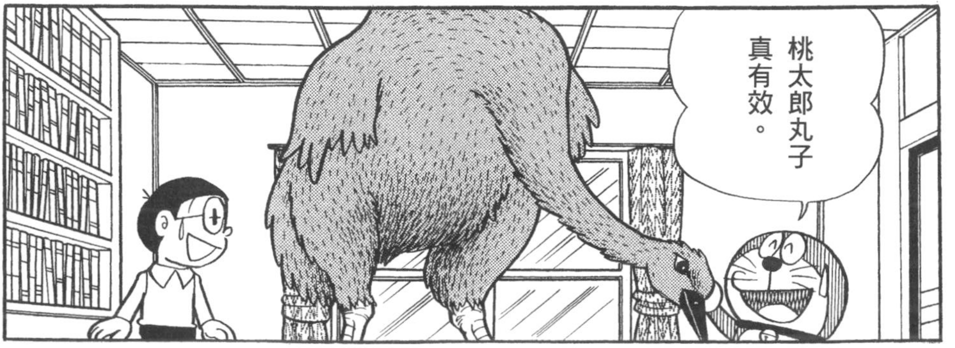

海洋・陸地Q&A

Q 土地沙漠化及地球暖化，皆與森林砍伐有關。原因之一是什麼？①火耕 ②智慧型農業 ③畜產農業

A
①火耕。放火燒掉砍伐的樹木當肥料，一旦覺得田地變貧瘠，就換個地方，重新伐林燒樹整地。

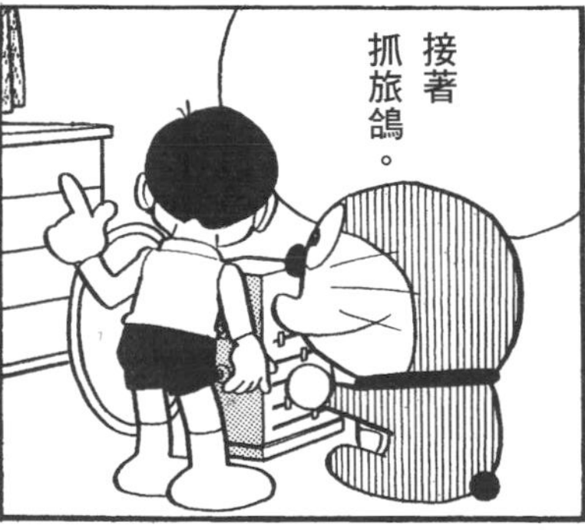

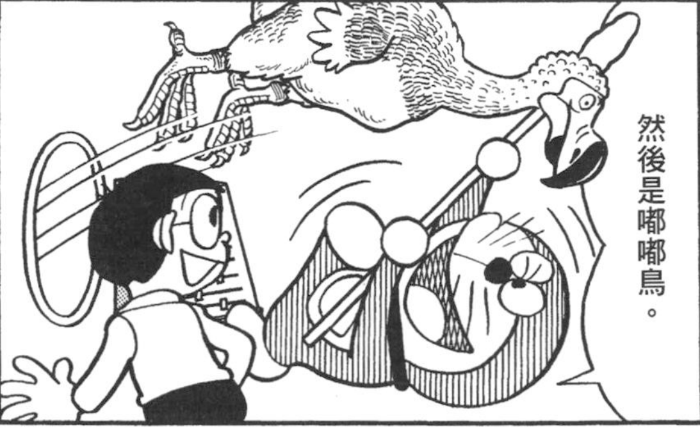

※出現

接著是白尾角馬。

別跑！

速度好快！
怎麼抓都抓不到。

我抓！
我抓！
我抓抓抓！

煩死了！

我親自去那抓。

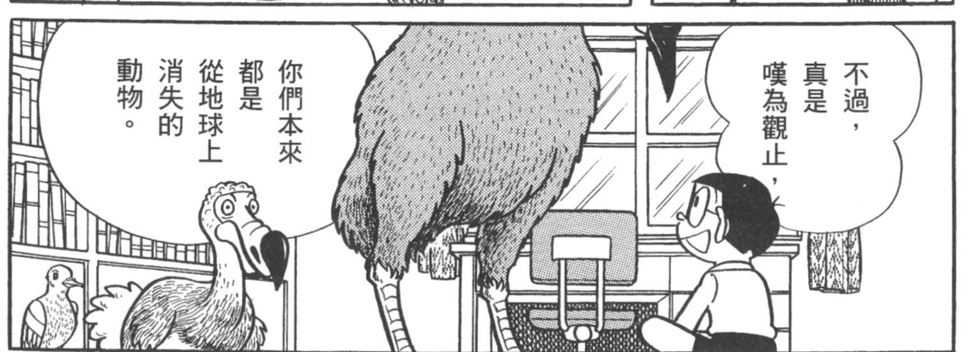

不過，真是嘆為觀止，
你們本來都是從地球上消失的動物。

海洋・陸地 Q&A

Q 大氣中的二氧化碳濃度會因季節而不同，最低的是哪一季？①春 ②夏 ③冬

A ②夏。植物的光合作用旺盛，開始吸收大氣中的二氧化碳，因此降低了二氧化碳的濃度。

海洋・陸地 Q&A

Q 森林能暫時將雨水儲存在土壤裡避免淹水或乾旱，被稱為綠色什麼？

① 堤防 ② 水庫 ③ 水池

※口哨

②綠色水庫。森林有落葉等堆積形成的海綿狀土壤，因此能夠像混凝土打造的水庫那樣阻止雨水流失。

海洋・陸地Q&A

Q 在水族館看到的生物中，二〇二一年時沒有瀕臨絕種的是何者？①海獺 ②小爪水獺 ③國王企鵝

A
③國王企鵝。國王企鵝雖然沒有瀕臨絕種，但隨著氣候變遷的影響，企鵝正面臨到滅絕的危機。

到底在吵什麼東西！

實在太可疑了。

媽媽來了！

我去找藏匿動物的地方。撐著點，等我回來。

ドン
※咚
再不開門我生氣囉！

ドン
※咚
開了還不是照樣會生氣。

ダダダ
※乒乒乒

我快撐不住了！

準備好了，快！

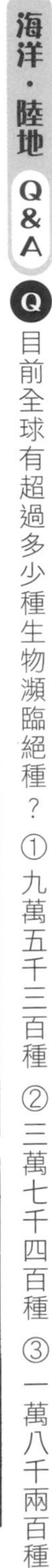

你居然找得到這種無人島。

這是我用「岩漿探測器」跟「強力熔岩機」做的。

這裡遠離船跟飛機的航線，大概沒人找得到。

A ② 超過三萬七千四百種。國際自然資源保育聯盟的《受威脅物種紅色名錄》是了解世界各地生物安危狀態的珍貴資訊來源。

種下植物之後再用「速成燈」照射，就可以製造叢林跟草原。
各種動物都抓來一百隻。
牠們就會自動繁衍了。

幾十年、幾百年後，
這座島就會成為動物的樂園了。

都是動物們的屎尿。

牠們送的禮物可真壯觀……

狼家族

海洋・陸地 Q&A

Q 全球水產資源（糧食用的魚、貝類）中有多少來自不當捕撈？①五分之一 ②四分之一 ③三分之一

報紙上有寫喔！有人發現日本狼了！
在山神谷嗎？

可是最後一隻日本狼是在明治38年發現的，現在應該已經不存在了啊！

學者是在猜是不是把野狗看成狼了。

對啊，怎麼可能會有狼嘛！
很難說喔！
真的有人發現的話，一定會成為全日本最轟動的話題。
我去找吧！

大雄你嗎？

哇哈哈！
啊哈哈哈！
嘻嘻嘻～
怎麼了？

什麼？又被人看扁了？

大雄一定會找到日本狼的！

明天是星期天我們就去山神谷抓一隻來！
說這種話沒問題嗎？

包在我身上！
你有「找狼機」嗎？

話說得很滿嘛！
如果沒有抓到，要用眼睛吃花生喔！
好啊！要做什麼都行!!

汪！
害怕

他這樣子要抓狼可能很困難……

A ③三分之一。是根據聯合國糧食暨農業組織的統計。目前世界各國已針對不遵守國際公約的不當捕撈行為採取對策。

※喀咔喀咔

※喧嘩

Q 每種生物都有豐富特性並彼此息息相關，這稱為什麼？①生物多彩性 ②生物多樣性 ③生物固有性

Ⓐ②生物多樣性。分為三種多樣性的層次，包括森林與珊瑚礁等的「生態系」、動植物與細菌等的「物種」、「基因」。

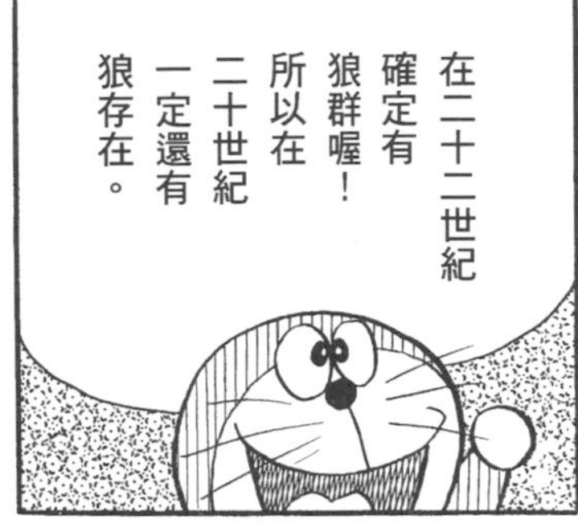

海洋・陸地Q&A

Q 「外來種」主要是指來自國外的動植物。下列何者對日本來說是外來種？①牛蛙 ②海獺 ③綠蠵龜

到我家來吧！
不用客氣。

同伴就只剩你了嗎？

已經只剩我和我的家人了……

你看，我們的祖先原本都住在山的這一帶，

那座山峰和這座山脊，以前都是我們和平的家園。

但人類卻闖了進來。

奪走我們的家園跟食物，還用陷阱捕捉我們……

但我還是努力保護我的家人。
賭上性命喔！

A ①牛蛙。牛蛙什麼都吃，會造成生態浩劫。②、③是日本本土的瀕臨絕種物種。

Q 日本吃最多的魚是？①五條鰤（俗稱青甘）②鮪魚 ③鮭魚

A ③鮭魚。鮪魚第二、五條鰤第三。日本海鮮消費量在二〇〇一年度每人大約40公斤，但到了二〇一八年卻縮減成24公斤。

※咻咻

還好趕上了，我是跟著腳印過來的。

什麼？不抓了？都已經到這裡來了耶！
太傻了！

好啦！我知道了！

這一帶已經都找遍了。
咦？真的嗎？

用眼睛吃花生吧！

拿出「眼睛吃花生」的道具給我！

沒有那種東西啦……

14 水下生命

找回乾淨的大海

海洋的魚將會消失？

根據FAO聯合國糧食暨農業組織的調查，全球海洋水產資源的「可永續利用的海洋漁業資源比例」（維持生物多樣性，使將來也有生物可捕撈的水準）持續降低。

一九七四年時有百分之九十的水產資源以適度或低於適度的水準被利用，換言之，捕撈量不超過可永續之水準，也就意味著有擴大產量的空間。然而，到了二〇一七年，比例卻降低到百分之六十六。

大海的塑膠垃圾

部分任意丟棄的寶特瓶、塑膠袋等塑膠垃圾，隨著雨水流進河川，流入大海。

繼續這樣下去，在二〇五〇年之前，海洋塑膠垃圾的數量將會超過魚類的數量。

大自然界無法分解的塑膠，因海浪的力量和紫外線而破碎變成細小粒子（塑膠微粒），被魚類吃下，也會帶給人類不良影響。

●全球水產資源（2017年）

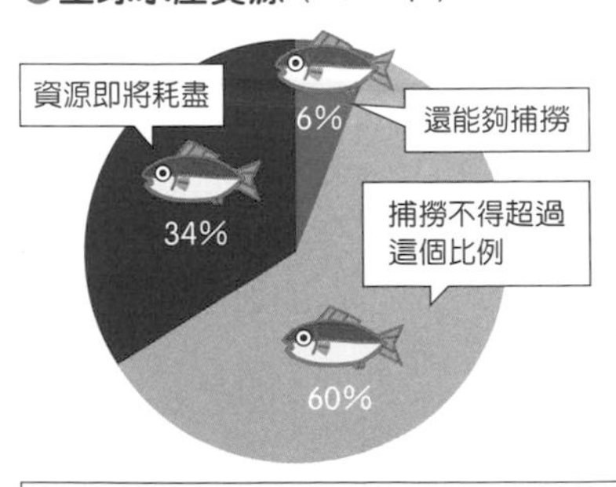

■ 資源沒被利用或少利用的狀態
■ 資源有適度利用，但產量無法增加的狀態
■ 捕撈過多資源，剩餘不多的狀態

●塑膠垃圾造成怎麼樣的海洋汙染

丟棄在陸地上的塑膠垃圾流入大海。

塑膠微粒被魚類吃進嘴裡。

堆積在魚胃裡。有時是死於有害物質。

也危害到吃魚的人類健康。

資料來源：FAO（Food and Agriculture Organization of the United Nations）「2020 年全球漁業及水產養殖概況」

日水的行動

日水（Nissui Corporation）為了確保水產資源能永續利用，著手採取行動。

他們從養殖漁業中的養殖著手，使用AI（人工智慧）管理、在海中不會散開的EP（固體飼料）等，目的在能夠持續提供民眾安全又美味的鮮魚。

為了提升員工的環保意識，他們舉辦活動讓員工前往河岸、公園、街道等各處義務清掃。

影像提供：日水

荒川CaF的行動

「荒川 CleanAid Forum（簡稱荒川CaF）」是位於東京的非營利組織，透過舉辦親子活動、協助水質調查等，提高市民對荒川的關心。

一九九四年起持續進行的「數垃圾」活動，讓參加者一邊數一邊撿垃圾。這樣做能夠喚起民眾思考：「為什麼有這麼多垃圾？」「怎麼做才能夠把垃圾變不見？」

神奈川縣的行動

二〇一八年夏天，神奈川縣鎌倉市的由比濱海岸有藍鯨的幼鯨被打上岸，在牠的胃裡發現塑膠垃圾。

神奈川縣將之視為「這是鯨魚送來的警訊」，並發表「神奈川零塑膠垃圾宣言」，期望在二〇三〇年之前達成「零廢棄塑膠垃圾」的目標。

為了達成這項目標，神奈川縣採取行動，減少拋棄式塑膠製品、推動寶特瓶等塑膠垃圾的再生利用、擴大河川與海岸的淨灘活動等。

15 陸域生命

保護陸地的大自然與生物

孕育生物多樣性的大自然

我們人類與森林、山岳、河川、海洋等大自然，以及動植物等生物互相賴以維生。

但是隨著人類的生活日益富足，維護生物多樣性（意思是大自然中各種生物的存在彼此息息相關）的大自然卻逐漸遭到破壞。

森林消失了，許多的生物也隨著面臨滅絕的危機。

●瀕臨絕種生物的比例（2019年的推估值）

資料來源：日本聯合國兒童基金會

消失的森林

全球的森林面積約有三十九點九億公頃，佔陸地總面積的三成。

森林能夠吸收二氧化碳、製造氧氣、暫時儲存雨水、協助穩定供水，還能夠防止洪水與土石流發生。森林有這麼多的功用，還能夠進行森林浴和健行等，提供人們放鬆的場所。森林對於生物來說真是不可或缺。

問題是，沙漠化與酸雨等氣候變遷，再加上濫砍濫伐等，使得森林的面積持續減少。

●全球森林面積每十年的變化（1990年～2020年）

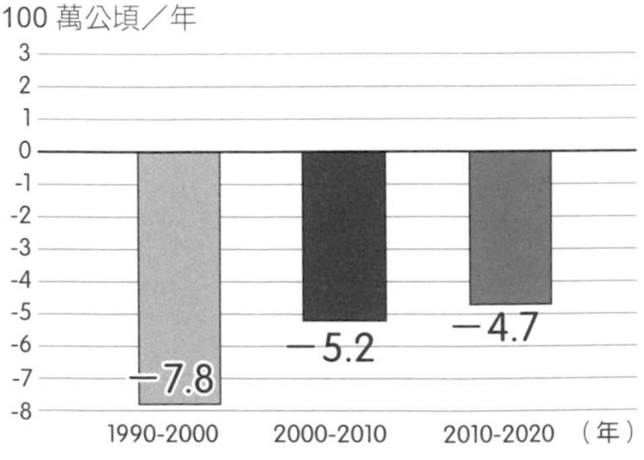

年	100 萬公頃／年
1990-2000	−7.8
2000-2010	−5.2
2010-2020	−4.7

資料來源：日本林野廳（相當於台灣的林務局）

※1990 年～ 2000 年期間的森林面積，每年平均減少 780 萬公頃，但接下來每 10 年的年平均減少面積分別是 520 萬公頃、470 萬公頃，減少速度逐漸下降。

住友林業的行動

住友林業採取的行動是完善管理人造林，持續創造森林的循環。他們種植生氣蓬勃的森林，「砍伐長大的樹木，以恰當的方式使用，砍掉多少樹就栽種多少新樹」。

公司在北海道與高知縣等日本全國各地共有六處「樹木育苗中心」，專門用來培植生命力旺盛又好種的樹苗，長出來的樹苗就種到山裡。另外也在紐西蘭、印度、印尼等地與當地的民眾合力造林。

而砍樹時留下的木屑，則會當作生質燃料用來發電。

●森林的循環

The Lion's Share 基金的行動

全球野生動物的數量正在逐年減少。舉例來說，非洲獅在最近二十年間減少了百分之四十，現在僅剩下兩萬隻。

全球最大的寵物照護企業「瑪氏食品」與UNDP聯合國開發計劃署（The United Nations Development Programme）合作成立「The Lion's Share 基金」。

基金的資金來自於那些用動物拍攝媒體廣告的企業所捐出的一定比例廣告費。這些資金將會用在保護世界各地的動物及其棲地的計畫上。

此基金推廣的活動包括保護印尼蘇門答臘島的犀牛、紅毛猩猩等、保護巴西大片溼原的美洲豹，以及復育西太平洋珊瑚礁。

UCC上島咖啡的行動

非洲衣索比亞的民眾，為了賺錢持續伐林破壞森林。如此的森林破壞是一個讓人擔心的問題。

為了阻止森林繼續減少，UCC上島咖啡參與獨立行政法人國際協力機構（JICA）的「衣索比亞貝列特森林與蓋拉森林維護計畫」，將森林中自然孕育的咖啡豆，透過他們的協助轉換成商品賺錢。

UCC為了讓世人了解森林裡也能採收到優質咖啡豆，負責提供技術指導，提升咖啡品質。

一起想一想！

我們能做的事

保護我們的海洋

全世界的海洋彼此相連，維護我們身邊資源豐富的海洋的清潔，也同樣有助於環境保護。

每個人都應該起身行動，參與河川與海岸的淨灘活動，共同維護保護海洋生物的海岸環境，以及孕育海洋的森林。

減少塑膠垃圾

在我們的日常生活中存在許多塑膠製品。塑膠無法被大自然分解，因此經由河川等流入海裡的塑膠，會半永久性的漂浮在海裡。

為了阻止塑膠對海洋造成影響，平常我們要記得做到下列這些事。

選擇非塑膠、可重複使用的玻璃瓶等產品。

不隨手亂丟垃圾。

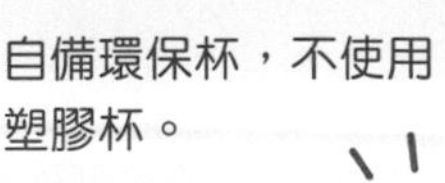
自備環保杯，不使用塑膠杯。

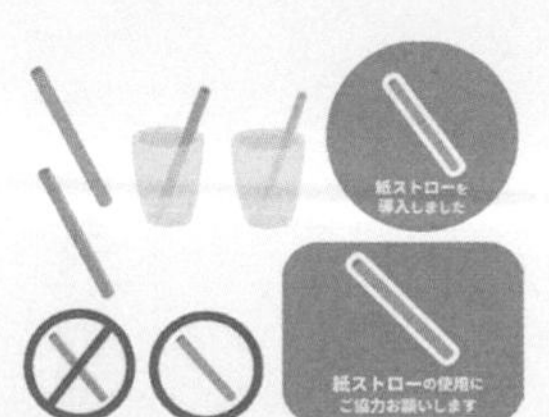

不使用塑膠吸管。

參與河岸和海岸的淨灘活動。

自備環保購物袋，不使用塑膠袋。

9 海洋・陸地

發現指標生物要通報

日本埼玉縣川口市募集調查員參與「川口生物調查」，調查川口市內的生物。調查對象是花嘴鴨、日本草蜥等八種「指標生物※」，藉此判斷棲息地的環境條件。

川口市也有註冊日本環境省「生物名冊」，在網路上收集並管理日本全國的生物資訊。各位如果在日本發現指標生物，可以將發現的地點和照片等資訊，呈報給日本全國各地的註冊團體。

※指標生物：是指研究後發現，可棲息的環境條件有特殊限制的生物。

「川口生物大調查」

日本環境省「生物名冊」

參加森林講座

特定非營利法人「森林創造論壇」透過網路串連在各地進行森林保育活動的森林志工，以實現「與森林共存的社會」為目標。

「森林創造論壇」在日本全國各地舉辦小學生也能參加的活動，內容包括造林體驗和雕刻等，可更進一步認識森林。

東京都多摩地區舉辦的「新手造林體驗會」。

查詢有滅絕危機的生物

許多動物和植物等珍貴生物，正以前所未有的速度走向滅絕。因此請各位調查看看，哪些生物有滅絕的可能，以及為什麼會減少。

舉例來說，大象、獅子、紅毛猩猩、山地大猩猩等，這些我們經常在動物園裡看到的動物，都已經被《受威脅物種紅色名錄》指定為瀕臨絕種的生物。

IUCN《受威脅物種紅色名錄》

全球瀕臨絕種生物圖鑑（已絕版）

岩槻邦男、太田英利譯

丸善出版

本書介紹即將滅絕的物種與原因等。除收錄了國際自然保護團體外，還收錄日本環境省與地方各級政府整理的內容。

挑戰看看！日本國中入學考題

題目

（1）為了維護生物多樣性而制定的條約中，尤其以保護水鳥棲息溼地為目的的條約是「[A]條約」。請回答[A]的名稱。

（2）「活化石」是指現在仍保有與遠古生物相近特徵的生物。下列哪三種生物屬於「活化石」？

a 三棘鱟　　b 菊石　　c 腔棘魚
d 諾氏古菱齒象　　e 三葉蟲　　f 銀杏

（3）《日本環境省受威脅物種紅色名錄2020》中提到，目前棲息於日本國內，有滅絕危險的生物，是下列哪一個？

a 克氏原蝲蛄　　b 日本鰻鱺　　c 日本獼猴
d 日本狼　　e 美洲牛蛙　　f 北海道梅花鹿

（引用自北嶺中學 2021 學年度自然科入學測驗考題）

講解

為了維護生物多樣性而制定的條約當中，最為人知的包括限制瀕危野生動植物國際貿易的《華盛頓公約》，以及旨在保護溼地（水鳥是溼地的頂級掠食者）生態的《拉姆薩公約》。正式名稱《關於特別是作為水禽棲息地的國際重要拉姆薩公約》的《拉姆薩公約》，是成員國於一九七一年在世界最大湖「裡海」南岸的伊朗城市「拉姆薩」簽署，因而得名。

日本也是有湖泊、溼地的國家，第一個被列入《拉姆薩公約》的是位於北海道東部、號稱「北海道之鳥」的丹頂鶴棲息地「釧路溼原」，於一九八〇年被登錄。在那之後，現在已經有超過五十處場所登錄。

相關的SDGs目標

【正確答案】

（1）	拉姆薩（公約）
（2）	a、c、f
（3）	b

攜帶型國會

今年的壓歲錢真少。

因為不景氣嘛。

不過，住在北海道的姑姑還沒給。

沒錯，她每年過年都會來，紅包也給得很多。

今年怎麼還沒來呢？

不知道怎麼了？

今年不過來了嗎？真可惜。

※晴天霹靂

因為車票漲得太貴，所以不來了。

住在北海道的姑姑嗎？

Q 二〇一五年提出「SGDs」目標的是下列哪個國際組織？①聯合國 ②國際聯盟 ③國際開發組織

※投入

然後呢？
這樣就行了。

哦哦，真是太好了。

因爲車票變便宜了，所以要過來。
真的嗎？

如何，很棒吧？
嗯嗯。

喂，你要做什麼？

這台機器對社會有很大的影響，所以不要亂來喔。

給小孩的壓歲錢，至少要一萬圓以上的法案。

這種的就有點……
這是爲了全日本的兒童啊，應該是好事吧……

算了，反正是過年嘛……

※投入

A ①聯合國。為了守護世界的和平與安全，反省兩次世界大戰的發生，於一九四五年成立。日本也是會員國之一。

壓歲錢要給你一萬圓。

這是補足不夠的份。

哇啊～～

去買銅鑼燒吧。

話說回來，
這台機器眞是太棒了。

※哇哈哈哈

放多一點可以讓大家高興的法案吧！
然後將日本變成開朗、快樂的國家。

感覺自己變成總理大臣了。
大雄!!

你有事嗎？

是你把垃圾從二樓丟下來的吧！

結果成了掃地大臣。

※日文的「總理」與「掃地」發音相近。

和平・夥伴關係 Q&A

Q 以開發發展中國家為目的，政府和相關機構進行的國際合作活動為何？①ODA ②OECD ③OA

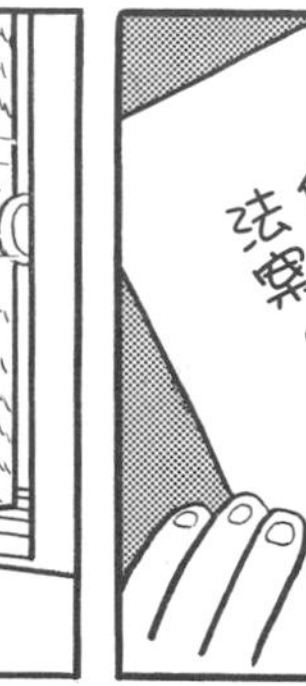

Ⓐ①ODA（政府開發援助）。OECD（經濟合作暨發展組織）針對所有國際經濟進行協議。OA是辦公室行政業務自動化。

Q 日本年滿幾歲有選舉投票權？①二十歲 ②十九歲 ③十八歲

※投入

Ⓐ③十八歲。日本選舉年齡在二〇一六年從「年滿二十歲」降低到「年滿十八歲」，目的在消除年輕人的政治冷感問題。

Q 二〇二〇年底大約有多少萬人因戰亂被迫離家？①四千八百七十 ②八千兩百四十 ③一千兩百五十

Ⓐ ② 八千兩百四十萬人（多次來回遷移也包括在內）。因為他們認為繼續待在自己的國家有危險。

建立和平安全的社會

戰亂紛爭頻繁的世界

世界各地此刻仍有許多人生活在戰亂紛爭頻傳的地區，過著與危險共存的嚴峻生活。

另一方面，世界上有很多孩子被綁架成為人口販賣的商品，或日常生活中遭到家暴，或是出生時沒登記，在法律上不存在。

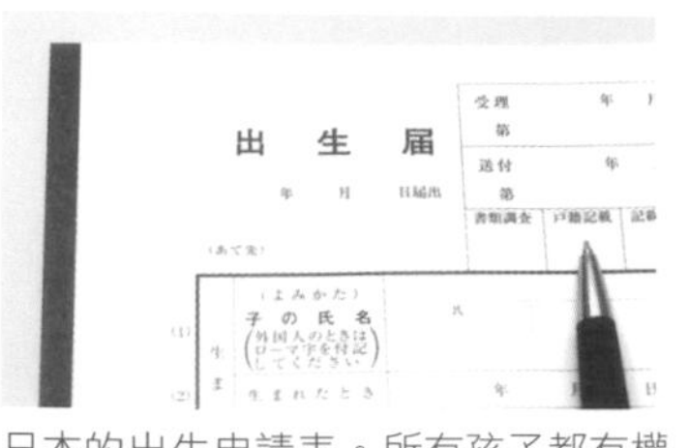

日本的出生申請表。所有孩子都有權利獲得身分證明。

人數不斷增加的難民

被捲入內亂紛爭，或因人種、宗教、政治意見不同等原因而遭受迫害，必須離開自己國家的人，稱為「難民」。全球的難民人口也在持續增加中。

難民營有國際組織、各國政府、全球性質的援助團體送來安全飲用水、食物等生活必需品，但這樣還是不夠。為了建立和平安全的社會，我們必須制定不同民族、宗教的所有人都能夠遵守的規則，儘管困難重重，但這對於共存很重要。

●**民眾的生活因各種原因陷入危險的國家與地區**（2020年底）

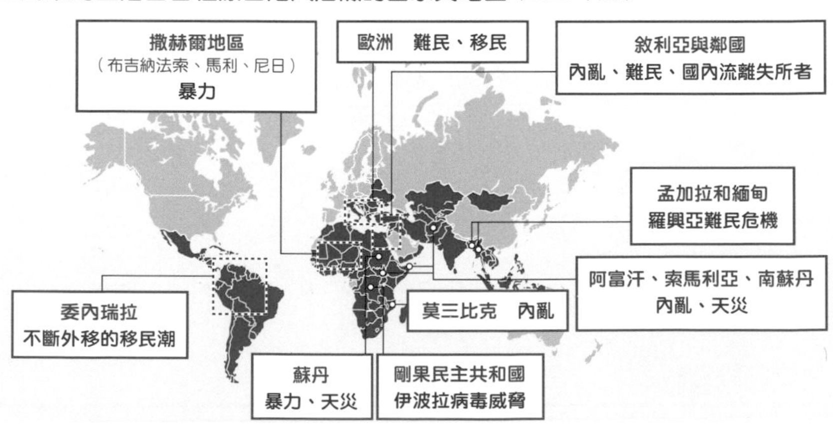

資料來源：日本聯合國兒童基金會

聯合國兒童基金會的行動

全球未滿五歲的人口中，大約每四人就有一人沒有出生登記。出生後沒有登記，就表示孩子的存在與國籍不受社會承認，無法接受預防接種，也無法上學，更別說如果家長讓孩子去工作，甚至難以舉報虐童。

因此聯合國相關組織「聯合國兒童基金會」與坦尚尼亞政府合作，開始試行以智慧型手機完成出生登記。作為測試對象的兩個省分原本登記率只有百分之十，後來上升到百分之九十五。

用智慧型手機進行出生登記的情況。
© UNICEF/UN012562/Adriko

泰朗全球的行動

非洲烏干達有些孩子遭到綁架或受到脅迫，強制成為娃娃兵。這些孩子獲救後，精神方面都會出問題。此外，他們沒有接受過軍事訓練以外的教育，因此連基本的讀寫都不會，所以也無法就業。

於是，日本的非營利組織「泰朗全球」在烏干達推行計畫，協助原本是軍人的兒童重返社會。

協助他們學習必要知識與技能，藉此獲得收入。
© NGO Terra Renaissance

睡蓮之家的行動

亞洲的孟加拉有幾十萬名少女被迫去當洗衣、清掃的傭人。她們被關在室內工作一整天，失去接受教育的機會與自由。

因此日本的國際救援非政府組織「睡蓮之家（Shapla Neer）」，也就是日本公民海外支援委員會，在孟加拉設置支援中心，提供女孩們學習基本讀寫、算術、保健衛生等的機會。也教導她們裁縫與燙衣服等的技術。

在雇主家裡幫傭的少女（孟加拉）。

17 夥伴關係

國與國之間互助合作

何謂夥伴關係？

希望全世界能終止貧窮、消除分化、對抗氣候變遷、實現永續發展的世界——想要實現這些SDGs的目標，光靠各國自立自強無法成功。

除了各國政府之外，還需要民間企業、公民、民間組織等發揮夥伴關係（互助合作的力量），團結一致積極解決各種難題。

對開發中國家的援助體系

為了改善開發中國家的現況，國際社會必須通力合作，出錢出力提供援助。援助的方法就是透過政府開發協助（ODA）。意思是，先進國家的政府提供資金和技術，協助開發中國家的經濟和社會發展。日本也有參與其中。

●日本直接援助的前十大國家（2018年）

單位：百萬美元（小數點以下四捨五入）

	國家或地區名稱	支出總額
1	印度	2232
2	孟加拉	1298
3	越南	674
4	印尼	638
5	菲律賓	563
6	伊拉克	555
7	緬甸	537
8	埃及	295
9	泰國	271
10	肯亞	224

資料來源：日本外務省「ODA 實際成效」

增強開發中國家的力量

為了促使開發中國家達成SDGs的目標，我們必須提高各國政府機關、團體本身的施政能力。

因此，除了先進國家給予開發中國家支援（南北合作）之外，開發中國家彼此結盟（南南合作），或是先進國家支援開發中國家聯盟的合作關係（三角合作），諸如此類，必須建立各種類型的國際支援體制。

●南南合作與三角合作

北＝因為已開發國家多數位在北半球。
南＝因為發展中國家多數位在南半球。

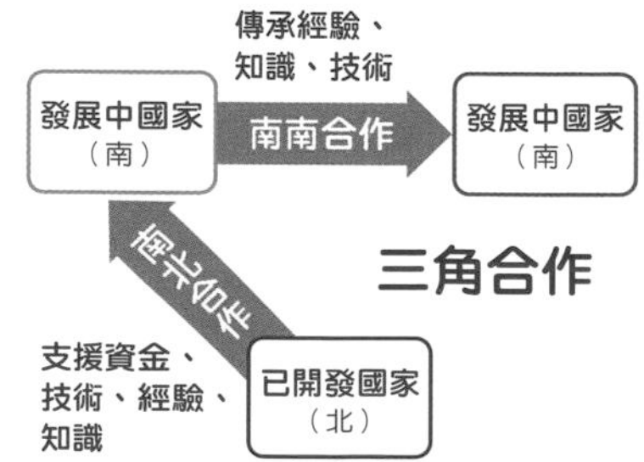

※ 譯注：台灣也有參與 ODA。2020 年的「政府開發援助（ODA）」經費約 5.016 億美元（約新台幣 143.1 億）。

SDGs Promise Japan的行動

「SDGs Promise Japan」是日本的非營利組織，自二〇〇八年起，在非洲千禧村（撒哈拉沙漠以南的非洲十國共計八十個村子）為主的窮困地區，推行協助他們自立的計畫。

他們在非洲烏干達對需要心靈照護的南蘇丹難民發起支援活動，在馬拉威透過生產、銷售猴麵包樹油的援助活動，協助農民自立。

南蘇丹難民的心靈照護事業。

透過生產、銷售馬拉威的猴麵包樹油，協助他們自立。

富士眼鏡 支援海外難民的視力

在日本全國擁有六十五家門市的富士眼鏡，自一九八三年起舉行送眼鏡給全世界難民與在該國境內流離失所者的活動。公司的員工會前往當地擔任志工，在UNHCR聯合國難民署（United Nations High Commissioner for Refugees）的職員、非政府組織的工作人員，與口譯人員的協助下，替每個人檢查視力，並贈送最適合的眼鏡。

正在檢查境內流離失所少年的視力（亞塞拜然）。

在開啟此計畫之前，富士眼鏡有超過一百九十五名員工造訪過亞塞拜然、亞美尼亞、泰國等國家，捐贈超過十七萬副全新的眼鏡給當地有需要的民眾。

山葉的行動

山葉公司利用透過聲音、音樂培養出來的技術與感性舉辦活動，讓世界各地的孩子們實際體驗演奏樂器的樂趣。

該公司以沒機會體驗音樂與樂器樂趣的開發中國家兒童為對象，施行了「學校計畫」活動，將演奏樂器的樂趣傳遞給印尼、馬來西亞等七個國家的孩子們，幫助他們的心靈獲得更豐富的成長。

一起想一想！

我們能做的事

帶著同理心，多跟朋友聊聊

守護世界和平不只是國家和政治家的工作，世上每個人都必須銘記在心。比過去更頻繁的找朋友聊天、養成同理心也很重要。

遇到有人的意見跟自己不同時，不要直接否定對方，可以與對方仔細討論為什麼會有不同的想法，試著理解對方。確實聽進對方的意見，再以簡單好懂的方式表達自己的想法，才能夠讓對方理解，接下來才能找出最理想的答案。

另外，遇到有困難的朋友、遭到霸凌的朋友、弱小的朋友時，伸出友善的手協助他們吧。仔細傾聽朋友說的話，站在對方的立場想想自己可以幫什麼忙，接著付諸行動。

你也可以擬定「謝謝隨時掛在嘴上」、「每日一善」等目標。

閱讀與戰爭、和平有關的書籍

一起閱讀談論戰爭與和平的圖畫書，感受和平的美好，或想想如何使戰爭消失。

《和平是什麼？》
濱田貴子著
童心社
這本書在喚起各位的注意，明白和平其實就在日常生活當中，而且並非理所當然。

《征服者》(The Conquerors)
大衛．麥基(David Mckee) 文．圖
世界上每個國家都有計畫要打仗的總統，這本書讓我們思考什麼才是真正的強大。

積極參與各種活動

校園生活有許多活動需要眾人同心協力參與，包括在班上擔任幹部、以班長身分出席全校會議等。

過去不曾試過的活動，如果有你感興趣的就找朋友一起去試試看吧。你不但會得到新發現，而且眾人齊心協力的經驗也是鍛鍊心智與能力的好機會。這些都將成為你未來出社會需要的「生存能力」的基礎。

購買公平貿易商品

像日本這樣的已開發國家，可以買到許多亞洲、非洲等開發中國家生產的食品、衣服等，而且這些商品的價格都便宜到驚人。

價格便宜是因為勞工薪資遭到不當剝削，因此也成為開發中國家人民無法擺脫貧窮的原因之一。

為了消除這樣的不公平現象，歐洲各國開始推廣「公平貿易」，意思是「公平、公正的貿易」，希望以符合付出勞動力的合理價格，購買開發中國家人民生產的農產品和商品，藉此幫助生產者永續生產，提升他們的生活。

公平貿易的商品包括可可（巧克力的原料）、棉花（衣服材料）、香蕉等。各位可以去店裡找找看。

身為消費者的我們，支持並積極選購這類用心解決社會課題的商品，這種行為稱為「倫理消費」。

●國際公平貿易認證標章

用來標示國際公平貿易認證產品的標章。

●公平貿易的架構

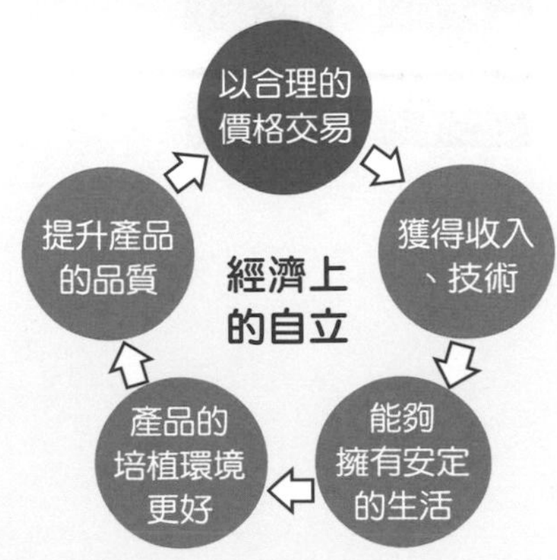

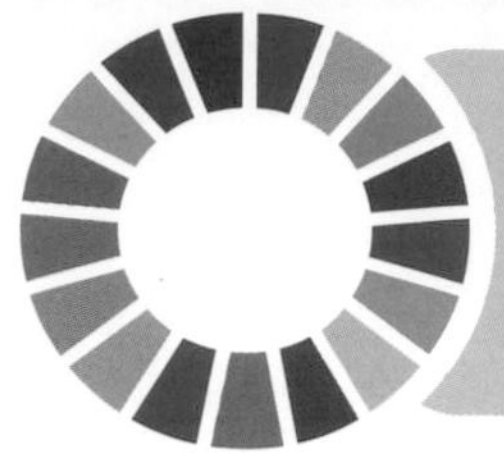

一起想一想！你腦海中的SDGs

請寫下讀完本書之後，你學到什麼？對什麼感到好奇？有什麼想法？

1 SDGs是什麼？請用自己的話寫寫看。

例如：大家一起擬定希望讓地球住起來更舒服的目標。

2 圈選出三個自己特別有感的目標並寫出原因。

原因

也請你的家人選出三個吧！是否跟自己的不同呢？

3 針對你在❷中圈選出的三個目標，你從今天開始可以做到哪些事情？請列舉出來。

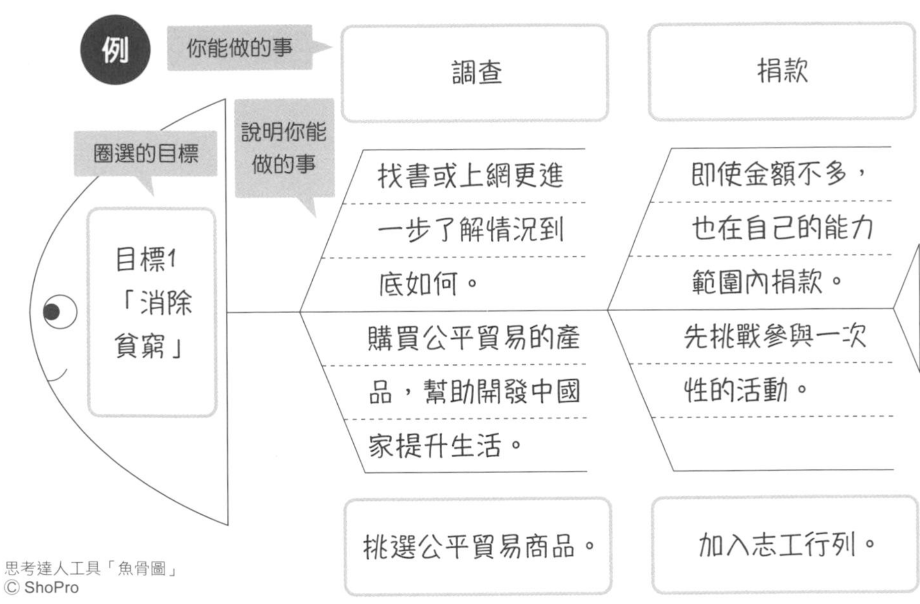

例
你能做的事
調查
捐款
圈選的目標
說明你能做的事
目標1「消除貧窮」
找書或上網更進一步了解情況到底如何。
即使金額不多，也在自己的能力範圍內捐款。
購買公平貿易的產品，幫助開發中國家提升生活。
先挑戰參與一次性的活動。
挑選公平貿易商品。
加入志工行列。

思考達人工具「魚骨圖」

第一個目標

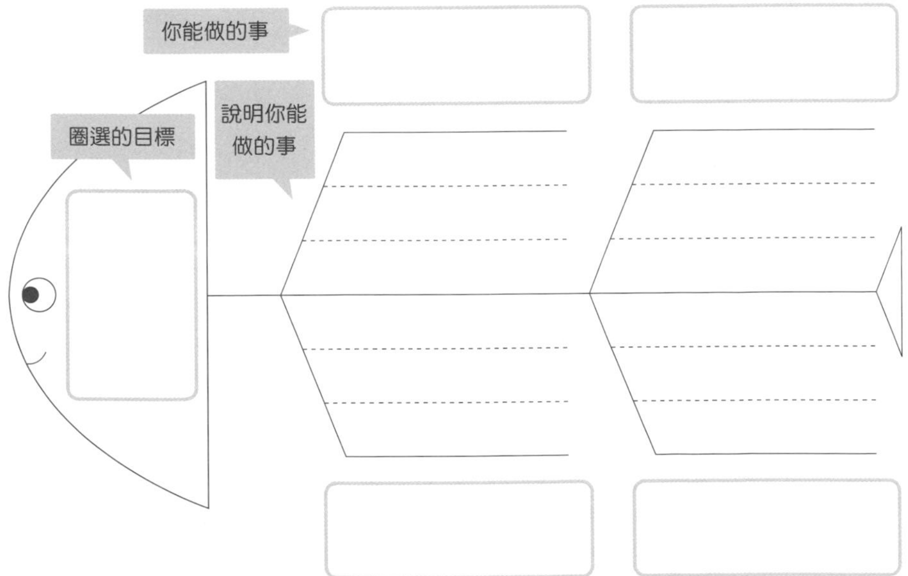

第二個目標

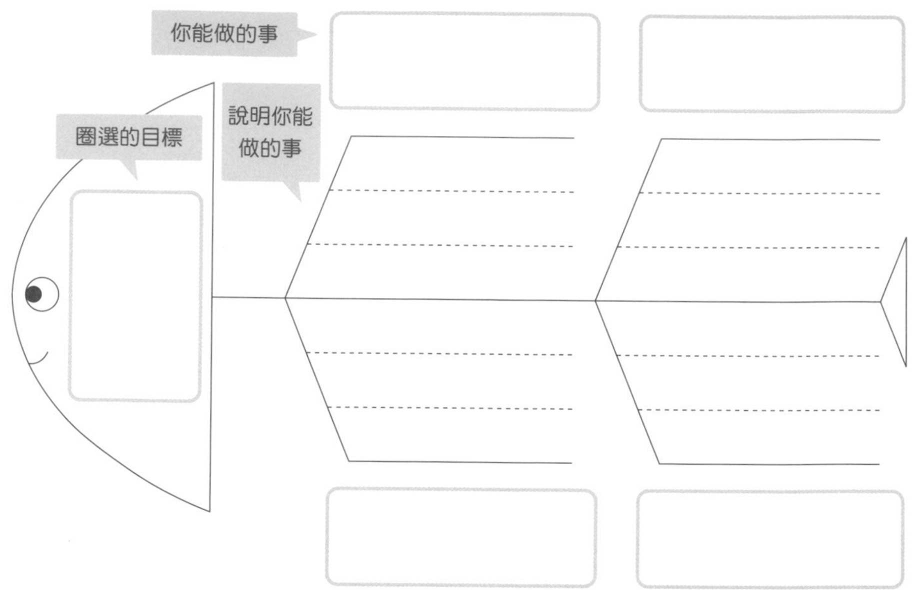

第三個目標

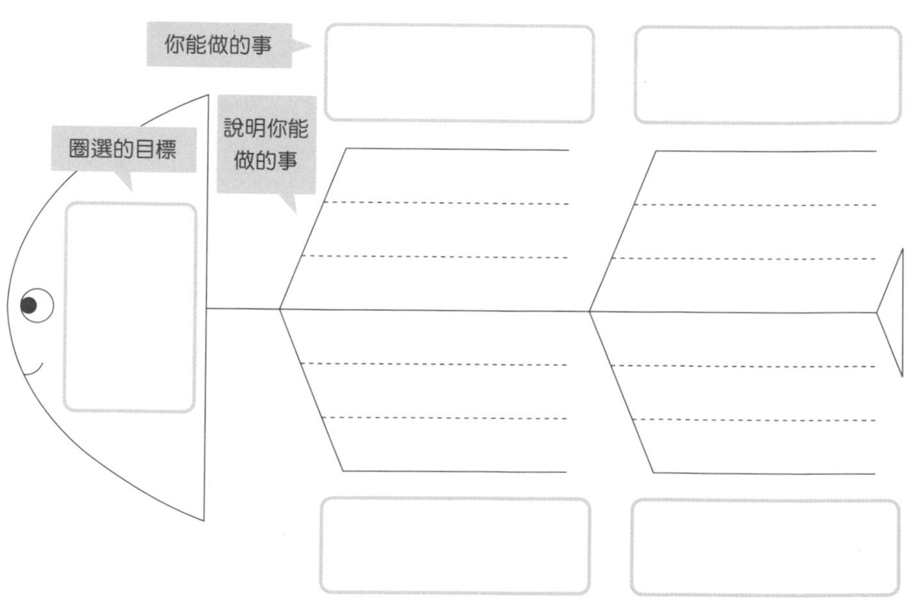

4 也請家裡其他人選出目標，並寫下他們從今天起能做的事。

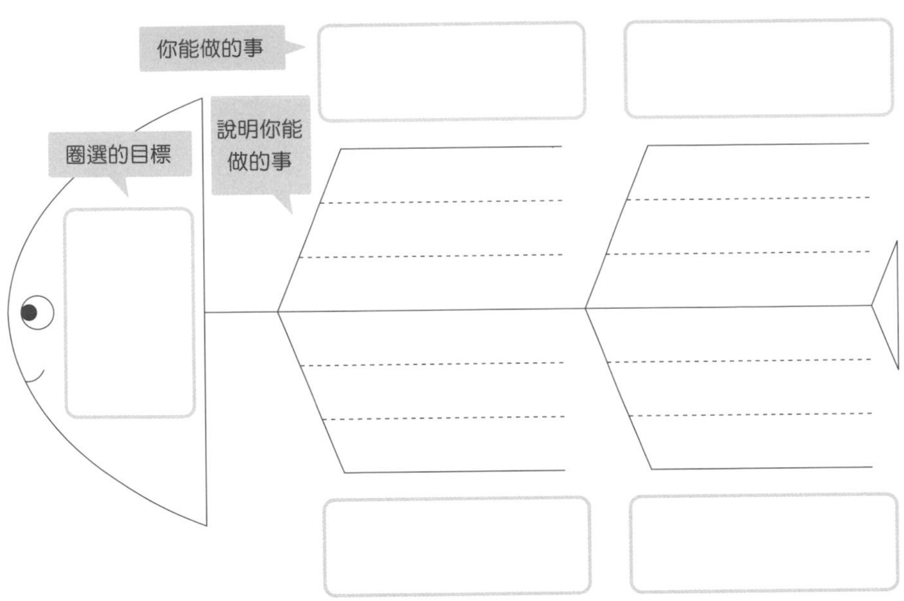

即使選擇同樣目標，每個人能做的事也不同！

5 請寫下其他讀完這本書的心得與感想。

後記

希望各位將SDGs當作自己的人生課題

日本一般財團法人綜合初等教育研究會顧問　北俊夫

我們住的地球，目前約有八十億人在這裡生活。因為地球暖化造成氣候變遷，導致地球上各處頻頻發生風災水患等，帶來嚴重的災情。再加上森林的濫砍濫伐、塑膠垃圾亂扔等，更加速海洋、河川、森林等大自然環境的汙染與破壞。儘管經濟持續成長，有些人卻因為貧富差距日益擴大而生活困難；有些人平和的日常生活與生命受到內亂紛爭的威脅；甚至有很多人直到今日仍無法喝到每天生活所需的安全飲用水，必須擔心染上有淨水就不會染上的傳染病等。

地球堆積如山的各種問題，乍看之下似乎與物質充裕的我們無關，事實上卻與我們每天的生活息息相關。最重要的是，每個人要把這些事情當成是自己人生的課題。這些問題能夠盡早解決，地球上所有人就能夠隨時隨地過著安心和平的生活，這也可以說是現在生活在這個地球上的我們每個人最重要的任務。

二〇一五年，在全球一百九十三個會員國參與的聯合國大會上，宣布十七項SDGs目標。這是由世界各國的人發揮聰明才智、互相討論的結果。SDGs可說是全體人類共同採納、非解決不可的課題。日本許多企業、各級縣市政府、民間團體等各種立場的人早已經採取行動。

讀完本書，各位或許就能理解這十七項目標在世界各國的現況是如何、這些問題該如何解決、期許未來走向什麼樣的社會。

SDGs經常被視為是遙遠國家或地區的問題，但事實並非如此。因為我們同樣都在這艘「地球號」太空船上，其他國家和地區的問題，就是日本的問題，也是我們每個人的問題。了解在世界其他地方發生的事情會如何關係到、影響到自己的生活，你才能夠正視SDGs的問題。

我希望各位讀完本書，不只是學到新知，也能夠以知識為本，思考自己往後的人生。期許大家善用學到的知識起身行動，打造更美好的地球社會。

我認為從十七項目標中選擇幾項，當作個人今後的生活目標也不錯。選擇多項目標搭配實踐也可以。跟家人討論看看想要實踐這些目標，我們應該如何思考、如何行動、如何改善日常生活。計畫若是擬定得太強人所難，很難持久，最重要的是簡單又長久。每天持續的小小行動，終將成為讓地球社會更美好的重要力量。

各位家長，請傾聽孩子們閱讀這本書時的真實感想，了解他們對什麼最感興趣、最感動，你或許會反省自己過去的生活，思索今後的人生。期待這本書能夠成為孩子們開始關注SDGs及國際社會種種課題，進而與家人討論的契機。

後記

地球以什麼樣的未來在等著大家呢？

日本升學補習班濱學園教科指導部次長　松本茂

讀完本書，各位有什麼感想呢？

最近經常聽到「SDGs」，也經常在路上看到西裝別著色彩繽紛徽章的大人們。一聽到「SDGs」是「永續發展目標」的意思，是希望眾人同心協力去解決的問題，而且共有十七項目標和一百六十九項細則，你們或許會覺得太深奧，驚訝於問題和目標居然有這麼多，甚至好奇（或懷疑）「這些跟我有關嗎？哪些對我有幫助（對我有幫助嗎）？」因而覺得有些事不關己。但是，在學校等參加各類特殊活動時，你應該就切實感受到這些目標並非與自己無關。當然或許有些人本來就對這些不感興趣。不過讀完這本書，看到書中列出的、近年來也引起關注的國中入學測驗中與SDGs相關的題目，如果你能夠因此感受到對地球未來有莫大影響的SDGs所有課題，比你想像中更貼近我們的日常生活，就表示SDGs目標的見解、行動達到了效果。

就在「SDGs」出現之前，或者說是在它的前身「MDGs 千禧年發展目標（Millennium Development Goals）」出現之前，也就是十八世紀英國發生工業革命之後，經濟發展以前所未有的速度在前進，甚至不惜要把地球的資源榨乾。於是人類後來就自作自受，公害問題、環境破壞等帶來威脅，別說其他動植物，就連人類本身的生存也危在旦夕。

問題是，只有部分地區、國家和人民實際感受到這些威脅。換言之，有些人認為「先進工業國燃燒石油、煤炭等化石燃料、亂丟垃圾的行為，才是破壞環境的原因，跟接下來才要發展經濟的我們無關」、「只有我們國家環境被破壞，其他國家得到的只有好處，倒楣的卻是我們，我們才不要配合」等。

例如，針對地球暖化制定的《京都議定書》，是以減少溫室效應氣體的排放為目標，而且只要求已開發國家遵守。當時溫室效應氣體排放量最高的美國，決定要以經濟發展為優先，因此宣布退出。在《京都議定書》之後要設定排放量目標時，各國也有各國的考量，導致會議遲遲沒有進度。後來，全球最大的國際組織「聯合國」大會宣布的SDGs，主張這是全人類的目標，與全人類有關，不只是少部分人的責任，不是與自己無關，目標達成後得到的成果也並非只有少數人受惠；為了達成目標所需付出的努力，也不是只要少數人配合就行。只要所有人在日常生活中刻意去實踐，也能夠享受到達成目標的好處。況且「SDGs」是二〇三〇年的目標，不管達成或失敗，到時候地球的主角就是各位了。

哆啦A夢原本生活的未來地球將會變成什麼模樣，各位一定能看到，可是你們看到的景色和日常生活，不見得跟哆啦A夢看到的相同。哆啦A夢告訴我們，每個人的選擇和小小行動，累積下來將會改變未來。

世界各國共同決議的
2030年「永續發展目標」

SUSTAINABLE DEVELOPMENT GOALS

【協助的學校】

大阪星光學院中學／巢鴨中學／逗子開城／中學北嶺中學／早稻田大學系屬早稻田實業學校中等部

【協助的企業團體】

秋田縣仙北地區振興局／秋田縣美鄉鎮／非營利組織荒川CleanAid Forum（荒川CaF）／五十嵐商會公司／特定非營利活動法人International Water Project／國際非營利組織WaterAid／日本非營利組織ACE／日本非營利組織SDGs Promise Japan／NEC Networks & System Integration Corporation／近江園田FARM公司／日本認證非營利組織佛寺點心俱樂部／音通F Retail／神奈川縣／川口市／環境省西表自然保護官事務所／環境省自然環境局生物多樣性中心／藏壽司公司／Kuradashi公司／可樂麗公司／非營利環境清潔活動團體Green bird／公益財團法人古紙再生促進中心／特定非營利活動法人日本無國境醫師團／獨立行政法人國際協力機構／柯尼卡美能達公司／日本認證非營利法人JHP建校會／一般社團法人產業環境管理協會資源回收促進中心／資生堂公司／Shapla Neer日本公民海外支援委員會／社會福祉法人新宿區社會福祉協議會／森林管理協議會／住友林業公司／日本認證非營利組織世界兒童疫苗日本委員會／大德飲料公司／大日本印刷公司／大和房屋工業公司／特定非營利活動法人TABLE FOR TWO International／日本認證非營利法人泰朗全球／東京書籍公司／童心社公司／豐田汽車公司／日本認證非營利法人難民援助救濟協會／公益財團法人日本環境協會生態標章事務局／株式會社日水／日本能率協會管理中心／公益財團法人日本聯合國兒童基金會／公益社團法人日本聯合國教科文組織協會聯盟／好侍食品集團總社／松下電器控股株式會社（Panasonic Holdings Corporation）／日本認證非營利法人仁人家園（Habitat for Humanity Japan）／東松島市／希爾頓酒店及度假村／FANCL公司／特定非營利活動法人日本公平貿易標章組織（Fairtrade Label Japan）／國際非政府組織國際培幼會（Plan International）／富士眼鏡公司／日本瑪氏食品（Mars Japan Limited）／丸善出版公司／三菱汽車工業公司／三菱電機公司／光村教育圖書公司／特定非營利活動法人森林創造論壇／山葉公司／UCC控股公司／Wani Books Co., Ltd.／特定非營利活動法人日本世界展望會／ONE PUBLISHING Co.,Ltd.

【主要參考文獻】
《世界原來離我們這麼近：SDGs愛地球行動指南》小熊出版（2023年）
《兒童的SDGs》Kanzen Tokyo
《SDGs的十萬個為什麼猜謎圖鑑》寶島社
《跟國谷裕子一起思考：弄懂SDGs》、《跟國谷裕子一起挑戰！展望未來的SDGs》文溪堂
《SDGs的基礎》套書（全18冊）POPLAR PUBLISHING CO., LTD.

【主要參考網站】
朝日新聞數位板／SDGs SCRUM／EduTown SDGs／繪本情報網「Ehon navi style」／環境商業online／環日本海環境協力中心／gooddo雜誌／UNIC聯合國資訊中心（United Nations Information Center）／笹幡初新聞／三和製作所公司／JICA／資源回收促進中心／兒童勞動網／日本總務省國民情報安全網兒童版／中部電力／日本聯合國兒童基金會／日本農林水產省／note／My Navi News／Living in Peace

哆啦A夢知識大探索 10
SDGs地球護衛隊

●漫畫／藤子・F・不二雄
●原書名／ドラえもん探究ワールド── SDGs でつくるわたしたちの未来
●日文版審訂／ Fujiko Pro、北俊夫（一般財團法人綜合初等教育研究會顧問）、松本茂（株式會社濱學園）
●日文版協作／目黑廣志　●日文版構成／小學館集英社 Production
●日文版構成・撰文／名越由實、阿部美保子、一木光子（編輯）
●日文版版面設計／板本真一郎（Quol Design）　●日文版封面設計／有泉勝一（Timemachine）
●日文版製作／酒井 Kaori　●插圖／ Moriato、Sayayan
●日文版編輯／奧野亮太、向仲 Kiyomi、三好沙知（小學館集英社 Production）、四井寧
●翻譯／黃薇嬪　●台灣版審訂／何昕家

發行人／王榮文
出版發行／遠流出版事業股份有限公司
地址：104005 台北市中山北路一段 11 號 13 樓
電話：(02)2571-0297　傳真：(02)2571-0197　郵撥：0189456-1
著作權顧問／蕭雄淋律師

2023 年 10 月 1 日 初版一刷　2024 年 6 月 5 日 初版三刷
定價／新台幣 450 元（缺頁或破損的書，請寄回更換）
有著作權・侵害必究 Printed in Taiwan
ISBN 978-626-361-232-7
YLib 遠流博識網 http://www.ylib.com　E-mail:ylib@ylib.com

◎日本小學館正式授權台灣中文版
●發行所／台灣小學館股份有限公司
●總經理／齋藤滿
●產品經理／黃馨瑝
●責任編輯／李宗幸
●美術編輯／蘇彩金

國家圖書館出版品預行編目 (CIP) 資料

SDGs地球護衛隊 / 日本小學館編輯撰文；藤子・F・不二雄漫畫；黃薇嬪翻譯. -- 初版. -- 臺北市：遠流出版事業有限公司, 2023.10
面；　公分. --（哆啦 A 夢知識大探索 ;10）

譯自：ドラえもん探究ワールド：SDGs でつくるわたしたちの未来
ISBN 978-626-361-232-7（平裝）

1.CST: 永續發展　2.CST: 漫畫

445.99　112014354

※ 本書為 2022 年日本小學館出版的《SDGs でつくるわたしたちの未来》台灣中文版，在台灣經重新審閱、編輯後發行，因此少部分內容與日文版不同，特此聲明。